CATÉCHISME

DE

L'AVIATION

BIBLIOTHÈQUE DES ACTUALITÉS INDUSTRIELLES, N° 151

CATÉCHISME

DE

L'AVIATION

A LA PORTÉE DE TOUT LE MONDE

PAR

H. DE GRAFFIGNY

Ingénieur civil.

PARIS

LIBRAIRIE BERNARD TIGNOL

PUBLICATIONS DE LA

LIBRAIRIE de l'ÉCOLE CENTRALE des ARTS et MANUFACTURES

53 bis, Quai des Grands-Augustins, 53 bis

CATÉCHISME DE L'AVIATION

CHAPITRE PREMIER

LES PRINCIPES DE L'AVIATION

Qu'entend-on par les termes : aviation, aérostation, navigation aérienne, etc ?

On comprend, sous la dénomination générale d'*aviation*, tous les procédés de navigation aérienne basés sur l'emploi de machines *plus denses* que l'air, par opposition à l'*aérostation*, qui utilise un principe tout différent, découvert par l'illustre mathématicien Archimède il y a deux mille ans, et qui s'exprime en disant qu'un corps plongé dans un fluide éprouve une poussée de bas en haut égale au poids du fluide déplacé. En remplissant donc une enveloppe de tissu très léger d'un gaz *moins dense* que l'air atmosphérique, cette enveloppe pourra s'élever dans l'air. Tel est le principe de l'ascension des ballons, de l'aérostation, dit aussi du *plus léger que l'air*, alors que l'aviation est dite principe du *plus lourd que l'air*.

On distingue l'*aéronautique* de l'*aérostation* pure. Cette dernière ne s'occupe que du mouvement vertical des ballons ou aérostats, libres ou captifs, alors que l'aéronautique est la science de la locomotion ou navigation aérienne à l'aide d'aérostats pourvus des moyens nécessaires pour se déplacer à leur gré dans les immenses plaines de l'air.

L'aviation s'occupe exclusivement des machines fournissant l'ascension et la progression des nefs aériennes par des procédés purement mécaniques. Quant à l'expression « navigation aérienne », elle s'entend d'elle-même et englobe tout ce qui a trait à la locomotion au-dessus du sol, quelque méthode qui soit suivie pour fournir le résultat cherché, et qu'il s'agisse d'appareils plus légers ou plus lourds que l'air qu'ils déplacent.

Terminologie.

Il nous faut aussi donner l'explication de quelques mots revenant continuellement dans la conversation lorsqu'on parle d'aviation. Voici les principaux :

Aérostat. Ballon libre ou captif non dirigeable.

Aéronat. Ballon muni d'un moteur et d'un propulseur et pouvant se déplacer dans toutes les directions du compas.

Aéronef. Appareil d'aviation plus lourd que l'air.

Aérodrome. Terrain de manœuvre où l'on fait évoluer des appareils de navigation aérienne.

Aéroplane. Aéronef formé d'un ou plusieurs plans de sustention et muni de propulseurs actionnés par moteur mécanique.

Hélicoptère. Aéronef constitué par une ou plusieurs hélices à axe vertical ou voisin de la verticale, avec ou sans propulseur.

Hélicoplane. Aéronef dans lequel les principes de l'aéroplane et de l'hélicoptère se trouvent combinés et associés. C'est donc un aéroplane à hélices ascensionnelles.

Orthoptère et ornithoptère. Appareil basé sur le vol des oiseaux et dont le déplacement est produit par le jeu de surfaces animées d'un mouvement alternatif.

Sustention. Action de se soutenir dans l'air par des moyens mécaniques.

Monoplan. Aéroplane ne comportant qu'un seul plan ou surface de sustention.

Biplan. Aéroplane à deux plans superposés.

Fuselage. Charpente légère d'un aéroplane sur laquelle sont fixés les plans.

Stabilisateur. Dispositif variable assurant la stabilité pendant le vol.

Aileron. Surface supplémentaire ajoutée aux plans ou ailes d'un aéroplane et ayant pour effet de maintenir l'équilibre et faciliter les virages.

Chariot. Combinaison de roues pour faciliter le départ et l'atterrissage des aéroplanes.

Survoler. Action de passer en volant au-dessus d'un endroit déterminé.

L'homme peut-il voler par ses seuls moyens?

C'est à vouloir à imiter le vol des oiseaux que l'homme s'est d'abord efforcé, de même que les premières locomotives rappelaient la marche des quadrupèdes et les premiers bateaux la nage des poissons. A la fin du dix-neuvième siècle on était bien parvenu à faire voler de petits modèles, mais il semblait encore impossible d'établir jamais des machines de proportions suffisantes pour emporter un homme dans les airs. La nature elle-même avait semblé reculer devant la difficulté, les plus lourds volatiles connus étant loin d'atteindre le poids de l'homme. Cependant, à diverses époques, des inventeurs ont cru qu'il était possible à l'homme de s'élever dans l'air et s'y déplacer à son gré par la seule utilisation de sa puissance musculaire, et en lui adaptant des ailes convenablement agencées.

La science contemporaine a permis de se convaincre de l'impossibilité de cette supposition qui constitue une utopie irréalisable, ainsi que le calcul le démontre. La chute des corps, à la surface de la terre, s'opère suivant un mouvement uniformément accéléré. Dans le premier tiers de seconde, l'espace parcouru par le corps tombant librement, est de 545 millimètres; il est de 1.635 pendant le second, et de 2.720 pendant le troisième tiers. Si l'on pouvait faire trois battements d'ailes par seconde (en admettant une utilisation intégrale de la puissance dépensée), il suffirait de s'élever de 55 centimètres par battement pour pouvoir se soutenir et planer dans l'air. Or, la puissance de 1 cheval-vapeur correspondant à un poids de 75 kilogrammes élevé à 1 mètre de hauteur par seconde, et la puissance qu'un homme peut développer étant au plus d'un sixième de cheval (12 kilogrammètres), il en résulte que l'homme, par sa seule force musculaire, ne pourrait élever son propre poids à une hauteur supérieure à 0 m. 17 pendant une seconde et de 6 centimètres pendant un tiers de seconde au lieu de 0 m. 545. Ce raisonnement démontre donc à l'évidence que l'homme ne peut s'élever en l'air par le seul travail de ses muscles. Il lui faudrait être au moins dix fois plus fort qu'il ne l'est en réalité pour pouvoir réaliser ce programme tentant.

Quels sont les principes de l'aviation?

La sustention et le déplacement dans l'air d'un corps dont la densité est supérieure à celle de l'air atmosphérique ne pouvant s'expliquer que par suite de la résistance offerte par ce fluide au mouvement de ce corps, il est évident que les recherches relatives à l'aviation doivent être basées sur les lois de la résistance de l'air au mouvement d'un corps s'y trouvant entièrement plongé. Pour se rendre exactement compte des différentes données du problème à résoudre, il est donc nécessaire de connaître ces lois au moins dans le cas le plus simple, c'est-à-dire celui du mouvement dans l'air d'une surface plane d'épaisseur négligeable, un *carreau*, dans le langage technique.

Tout d'abord on peut remarquer que le problème peut être scindé en deux parties correspondant chacune à l'étude des moyens à employer pour fournir la force nécessaire : 1° pour élever et soutenir en l'air un corps grave ; 2° pour animer ce corps d'un mouvement de progression dans le sens horizontal, c'est-à-dire réaliser d'abord la sustention, ensuite la direction. Les difficultés à surmonter sont donc plus grandes qu'avec les ballons, ceux-ci fournissant la sustention par un moyen statique, sans aucune dépense de travail extérieur. Les moteurs doivent être d'une légèreté spécifique très grande pour la puissance développée puisqu'ils ont un double travail à effectuer : celui assurant la progression et celui procurant la sustention. Dans les aéroplanes, les deux parties du problème n'en font en réalité qu'une et l'on peut en établir comme suit la théorie.

Quelle est la théorie de l'aéroplane ?

Supposons un carreau CC (fig. 1), animé d'un mouvement *orthogonal*, autrement dit dirigé suivant la normale ON, ou, ce qui revient au même, supposons ce carreau immobile et frappé normalement par le vent. Dans ce cas, l'expérience montre que la résistance R éprouvée par ce carreau, normale à sa surface, augmente proportionnellement à cette surface, et au carré de cette vitesse, ce qui peut s'exprimer par la formule $R = KSV^2$, dans laquelle R désigne la résistance en kilogrammes, S la surface du carreau en mètres carrés, V la vitesse du vent en mètres par seconde, et K un coefficient que l'on peut considérer comme constant lorsque le carreau se déplace au sein d'une masse d'air de poids spécifique à peu près constant, et que sa vitesse ne dépasse pas 50 mètres par seconde. La valeur admise pour ce coefficient est de 0,07.

Supposons maintenant que le carreau possède un mouvement oblique, ou soit frappé par le vent suivant un angle quelconque α, désigné sous le nom d'*angle d'attaque*. L'expérience montre alors que, non seulement la résistance normale R que subit le carreau est proportionnelle à sa

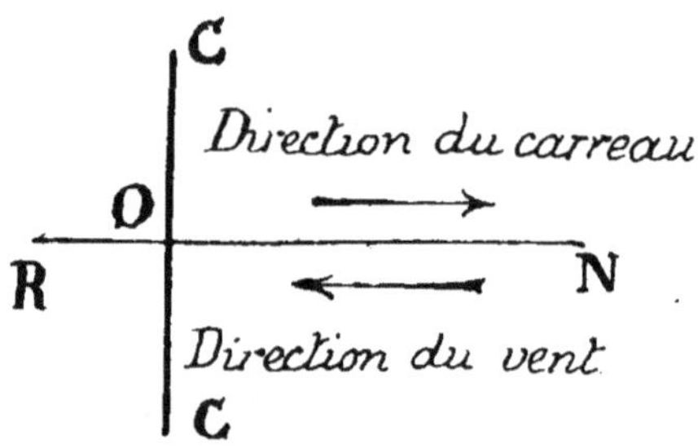

Fig. 1.

surface et au carré de la vitesse, mais encore qu'elle varie avec l'angle d'attaque, étant proportionnelle à très peu près au sinus de cet angle, au moins lorsqu'il n'est pas trop grand. On peut alors la représenter par la formule

$$R = K' S V^2 \sin \alpha$$

K' désignant encore un coefficient constant dans les mêmes limites que le précédent, mais dont la valeur, à peu près double de la précédente, atteint 0,15.

Dans le cas où le mouvement est orthogonal, c'est-à-dire a lieu normalement à la direction, le point d'application de la résistance, ou *centre de pression*, coïncide avec le centre de gravité du carreau, et par suite, si le carreau a une forme régulière, avec le centre de figure. Mais il en est autrement si le mouvement s'opère obliquement, le centre de pression ne coïncide plus avec le centre de gravité, mais il est placé un peu au-dessus de lui.

La théorie du parachute, celle du mode de mouvement des aérostats dans l'air, celle du cerf-volant et de l'aéroplane lui-même, qui n'est que l'extension, sont des conséquences directes de ces lois fondamentales.

Quel est le mode de mouvement d'un aérostat lorsqu'intervient la résistance de l'air?

Pour comprendre le fonctionnement des appareils d'aviation, il est nécessaire d'examiner en premier lieu le mode d'action d'un corps grave suspendu dans l'atmosphère, en faisant entrer en ligne de compte la résistance de l'air.

Dans le cas d'un ballon sphérique, la résistance de l'air exprimée en kilogrammes, le rayon r ainsi que la vitesse v étant mesurés en mètres, est donnée approximativement, abstraction faite de la nacelle et des suspentes, par la formule :

$$R = 0,012\, h\, r^2\, v^2$$

Dans cette formule, h représente la pression de l'air, exprimée en atmosphères. On voit qu'elle croît proportionnellement au carré du rayon, c'est-à-dire à la section du ballon et au carré de la vitesse, et qu'elle diminue proportionnellement à la pression de l'air ambiant, c'est-à-dire à mesure que le ballon s'élève. Cette formule permet d'abord de calculer l'effort exercé par le vent sur la surface du ballon, celui-ci étant amarré à terre, et dans ce cas, $h = 1$. Elle permet de se rendre compte ensuite de la nature des mouvements d'ascension ou de dimension d'un aérostat lorsque la vitesse de régime est établie.

L'effort exercé par le vent sur un aérostat lors de l'atterrissage est également utile à connaître; on admet alors, pour le calculer, que le ballon est à peu près dégonflé et par suite réduit à une surface plane circulaire dont le diamètre est celui du ballon que le vent est supposé frapper orthogonalement. Si r est le rayon du ballon, V la vitesse du vent, on aura, en se reportant à la formule indiquée dans la précédente réponse :

$$R = 0{,}07 \times \pi\, r^2\, V^2$$

Quelle est la théorie de l'ascension des cerfs-volants ?

Ainsi qu'il ressort des recherches de nombreux savants sur ce sujet, Bertinet entre autres, un cerf-volant peut être

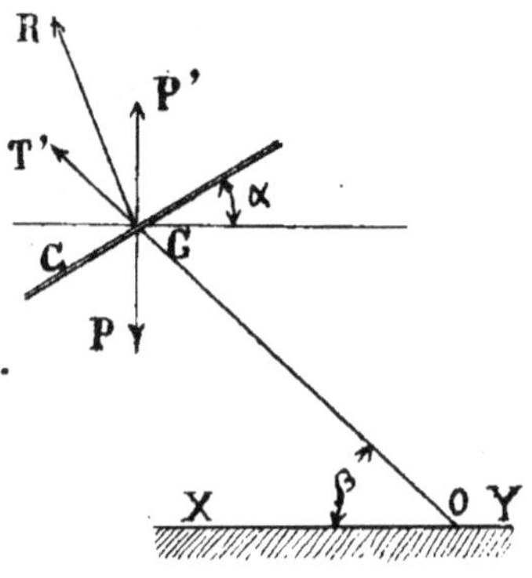

Fig. 2.

considéré comme un carreau, relié par un lien inextensible et de poids négligeable, à un point fixe O. Admettons que ce carreau soit constamment incliné d'un certain angle sur l'horizon, que nous appellerons α, et supposons qu'il reçoive sur sa face inférieure un vent horizontal régulier soufflant dans la direction VG, autrement dit venant du point O (fig. 2). L'action du vent se réduit à une pression qui, l'incidence et la vitesse du vent étant constantes, est elle-même constante. Supposons la corde attachée au centre de gravité G du carreau et, pour simplifier le raisonnement, admettons, bien que ce ne soit pas exact, que ce point coïncide avec le centre de pression, c'est-à-dire que la résistance s'exerce suivant G R, perpendiculairement au carreau. Cherchons donc en premier lieu, comment ce carreau peut se soutenir dans l'espace, et, à cet effet, décomposons la résistance G R en deux forces, la première, G T′ dirigée dans le prolongement de la corde O G, la seconde G P′ dirigée verticalement de bas en haut. Il est clair que la composante G T′ sera détruite par la résistance de la corde ; mais il n'en sera pas de même de la composante G P′ ; celle-ci aura pour effet de combattre l'action G P de la pesanteur sur le carreau, et par suite de le soutenir, d'où le nom qu'on lui donne de *composante de soulèvement* ou de *sustention*. L'expérience montre que cette composante, pour une valeur donnée de l'angle d'attaque et une position donnée du carreau, est proportionnelle au carré de la vitesse du vent. Il est évident, par conséquent, que la sustention du carreau dans l'air sera toujours possible si la vitesse du vent est assez considérable ; le poids du carreau P correspondant à l'effort de la composante P′. La formule suivante permet de déterminer la vitesse minimum que doit avoir le vent.

$$V = \sqrt{\frac{P \cos \beta}{KS \sin \alpha \cos (\alpha + \beta)}}$$

Quant à l'effet du vent sur le carreau, il varie suivant la vitesse. Si cette dernière est assez considérable, elle aura pour résultat de faire monter le carreau en faisant décrire au point d'attache G une circonférence de centre O, ayant pour rayon la longueur O G de la corde. Ainsi, avec un vent de vitesse convenable, non seulement le carreau considéré peut se soutenir dans l'espace, mais s'élever jusqu'à une hauteur limite qu'il est facile de calculer, de même que la vitesse minimum de vent nécessaire pour enlever le carreau au-dessus du sol.

Tous les cerfs-volants, quelle que soit leur forme, obéissent à ces lois mathématiques, qu'ils soient plans, concaves, dièdres, à poches trouées, et qu'ils soient ou non pourvus d'une *queue*, dont le seul but est d'assurer la stabilité en éloignant le centre de gravité.

Quelle est la théorie du parachute ?

Le parachute, comme le cerf-volant, est un appareil plus lourd que l'air et que l'on peut assimiler à un carreau de surface S, de poids P, abandonné à la pesanteur et assujetti à se maintenir horizontal pendant sa chute. Tout d'abord ce

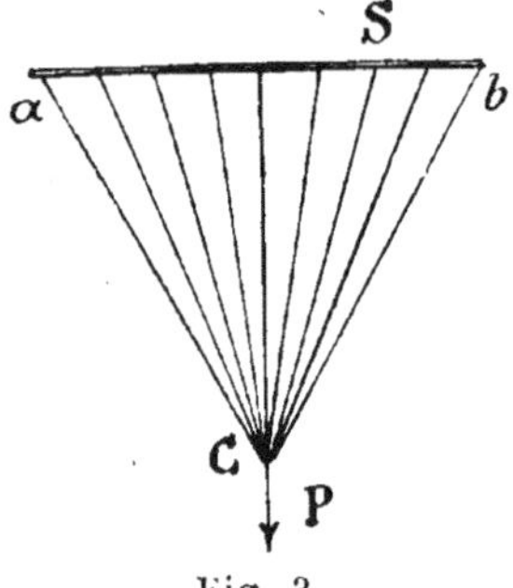

Fig. 3.

carreau tendra à prendre un mouvement uniformément accéléré dont la vitesse serait à chaque instant donnée par la formule $V = gt$, dans laquelle g désigne l'accélération due à la pesanteur, et qui est de 9 m. 81, t la durée de la chute. La résistance de l'air intervenant, le poids du carreau sera contrebalancé à chaque instant par une force dirigée verticalement de bas en haut, augmentant proportionnellement au carré de la vitesse, qui finira par devenir égale au poids du carreau, et on peut admettre, bien que ce ne soit pas tout à fait exact, que celui-ci, en vertu de la vitesse acquise, continuera sa descente selon un mouvement uniforme, vitesse dite alors *de régime*. A l'instant où le carreau a atteint cette vitesse, son poids est égal à la résistance de l'air : $P = R$, ou $P = KSV^2$, d'où la formule :

$$V = \sqrt{\frac{1}{K}\frac{P}{S}}$$

qui montre que la vitesse de régime d'un carreau qui tombe orthogonalement sous l'influence de son propre poids, est proportionnelle à la racine carrée de ce poids, et en raison inverse de la racine carrée de sa surface. Ainsi, en supposant

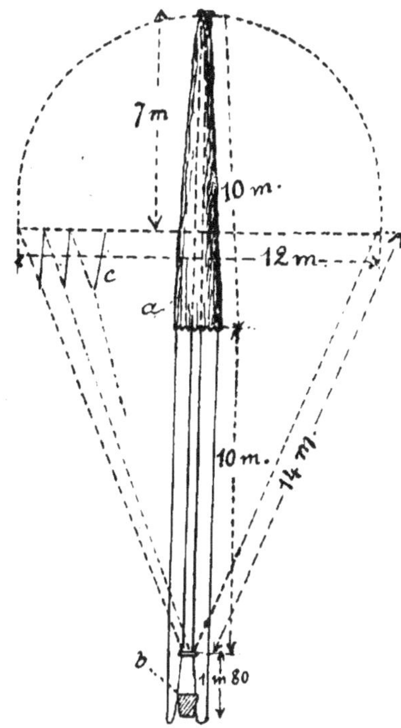

Fig. 4. — Parachute ouvert et fermé.

que P = 1 kilogramme et S = 1 mètre carré, comme K = 0,07, nous aurons :

$$V = \sqrt{\frac{1}{0,07}} = 3 \text{ m. } 75$$

Une surface pesant 1 kilogramme par mètre carré prend donc, sous l'influence de son poids, et par suite de la résistance de l'air, une vitesse de régime de 3 m. 75 par seconde environ.

Ce point établi, considérons une surface horizontale gréée en parachute, par exemple un cercle de toile bien tendu et que des cordelettes d'égale longueur, disposées régulièrement, réunissent en un point commun situé dans l'axe du cercle et au-dessous de lui, et à ce point suspendons un poids en rapport avec la surface du cercle de toile, en chargeant celle-ci à raison de 1 kilogramme par mètre carré. La vitesse de régime, qui s'établit après un temps excessivement court, sera théoriquement de 3 m. 75 par seconde, mais dans la pratique, comme au lieu de prendre une surface absolument plane, on donne aux parachutes une forme concave, la résistance de l'air est considérablement augmentée et par conséquent la vitesse réelle de chute est bien moindre que celle indiquée par le calcul. Ainsi, Poitevin, Sivel, Godard et autres aéronautes qui employaient le parachute, faisaient usage d'un appareil de 12 mètres de diamètre et 7 mètres de profondeur, ce qui donne une surface de 108 mètres carrés sous un poids de 30 kilogrammes. La vitesse de descente n'était pas supérieure à 1 m. 20 ou 1 m. 50 au plus, suivant le poids de l'aéronaute occupant la corbeille du parachute.

Pourquoi vole un aéroplane.

Pour se rendre compte du principe sur lequel est basé le fonctionnement des aéroplanes, il nous faut revenir au carreau, animé alors d'une certaine vitesse propre fournie par un propulseur actionné par un moteur, ce carreau étant relié à une nacelle qu'il s'agit de soutenir et de faire progresser en même temps. Soit P, le poids de l'ensemble du système, S la surface du carreau. Admettons (ce qui n'est pas exact) que le centre de poussée coïncide avec le centre de gravité du carreau, de même que nous l'avons supposé plus haut au sujet du cerf-volant. La composante de soulèvement P' qui fournit la résistance R du vent, est, comme l'a montré la figure 2, telle que $P' = R \cos \alpha$. Mais, comme on l'a vu plus haut, $R = K S V^2 \sin \alpha$ et par suite, la valeur de la composante peut s'écrire sous la forme :

$$P' = \frac{1}{2} K S V^2 \sin 2 \alpha$$

qui montre que P' augmente avec $S V$ et α, tant que α ne dépasse pas 45 degrés. La composante de soulèvement, ou, ce qui revient au même, le poids supporté par une surface de sustention est donc proportionnel à l'aire de cette surface au carré de la vitesse dont elle est animée, et elle augmente avec l'angle d'attaque. Il en résulte donc, qu'en donnant à la vitesse de progression du carreau une valeur convenable on pourra toujours arriver à soutenir le système, la propulsion étant liée à la sustention d'une façon étroite. C'est ce que le regretté capitaine Ferber a exprimé en disant que la sustention était la fleur de la vitesse. Celle-ci s'obtiendra d'ailleurs en écrivant qu'il y a équilibre entre la composante de soulèvement P' et le poids P du système, ce qui donne la relation :

$$\frac{1}{2} K S V^2 \sin 2 \alpha = P$$

d'où :

$$V = \sqrt{\frac{2 P}{K S \sin 2 \alpha}}.$$

Le coefficient K ayant la valeur 0.15.

On s'explique maintenant, pourquoi, en ce qui concerne les dirigeables, la question de leur sustention à l'aide d'un gaz plus léger que l'air passe au second plan lorsqu'il devient possible d'atteindre des vitesses de 15 à 20 mètres par seconde. A partir de cette vitesse, le flotteur peut être supprimé et c'est pourquoi le plus lourd que l'air, l'aviation constitue le prolongement logique, la suite directe du plus léger et de l'aérostation. L'expérience a permis d'énoncer les trois principes suivants :

1° Toutes choses égales d'ailleurs, la puissance nécessaire à la sustention et à la propulsion d'un carreau est proportionnelle au carré de son poids et en raison inverse de la surface sustentrice. On est donc conduit à adopter des voilures assez grandes et légères.

2° La puissance nécessaire à la propulsion et à la sustention d'un carreau est inversement proportionnelle à la vitesse qui doit être aussi grande que possible.

3° Enfin, la puissance nécessaire aux deux actions qui viennent d'être énoncées est, toutes choses égales par ailleurs, d'autant plus petite que l'angle d'attaque est plus faible.

Ces conclusions s'appliquent également, selon certains auteurs, M. Banet-Rivet entre autres, à la force propulsive, ou force de traction, cette force, égale et opposée à la résistance de sustention R sin α, étant donnée en effet par la formule :

$$f = \frac{T}{V} = \frac{P^2}{K S V^2 \cos 2\,\alpha}.$$

Dans son cours d'aviation à la Sorbonne, lors de la leçon du 17 janvier 1911, le professeur Marchis, devant un nombreux auditoire, a traité de l angle d'attaque sur le pouvoir sustenteur des ailes d'aéroplanes :

« Si on appelle S la surface d'une aile d'aéroplane marchant avec une vitesse V, la pression que l'air exerce est proportionnelle à S et au carré V^2 de la vitesse.

$$R = K S V^2.$$

« Le coefficient K dépend de la forme de l'aile, de ses dimensions, de son inclinaison.

« Si l'aile se déplace normalement à sa trajectoire (appareil orthoptère), la pression R ou le coefficient K augmente avec la surface et avec l'allongement.

« Si l'aile se déplace sous un petit angle, elle porte d'autant plus que son envergure est plus grande. Il n'en est pas ainsi lorsque l'angle d'attaque augmente ; sous un angle de 30 à 40 degrés, une aile carrée porte une charge égale à environ une fois et demie la charge de l'aile orthogonale. C'est là un point important reconnu par M. Eiffel au Laboratoire aérodynamique de la tour de 300 mètres.

« Dans les ailes planes, le centre de poussée se rapproche indéfiniment du bord d'attaque à mesure que l'angle d'attaque diminue.

« Lorsque les ailes sont courtes, le pouvoir sustenteur augmente dans certaines limites, par rapport aux ailes planes, pour une même résistance à l'avancement. Dans ses expériences M. Eiffel a trouvé que la meilleure forme d'aile (plus grand pouvoir sustenteur avec moindre résistance à l'avancement) était réalisée avec une surface cylindrique dont la flèche était égale à $\frac{1}{3,5}$. Le mode de représentation adopté par le savant ingénieur permet de reconnaître à première vue la qualité d'une aile.

« Le centre de poussée, dans les ailes courbes, au lieu de se rapprocher constamment du bord d'attaque, lorsque l'angle diminue, rétrograde à partir d'une valeur de cet angle, qui est comprise dans les limites qui intéressent l'aviation. »

La leçon suivante du même professeur pouvait être résumée comme suit :

« Lorsque deux plaques sont parallèles, placées l'une derrière l'autre et normales au vent, la plaque abritée peut être attirée vers la plaque exposée directement au vent, pour une valeur donnée de l'écartement. Lorsque l'écartement augmente, l'attraction de la plaque abritée se change en répulsion. Il´y a réduction de la poussée sur les deux plaques ; la poussée totale ne devient jamais égale à la somme des poussées sur chacune des plaques considérées isolément.

« En ce qui concerne les biplans et les monoplans, la poussée sur un biplan subit une réduction par rapport à la poussée sur un monoplan fait de l'une des ailes du biplan. Cette réduction peut atteindre 65 à 70 pour 100 lorsque l'écartement des plans est égal à leur longueur.

« Si on étudie la répartition des pressions sur les voitures, on voit que, dans certains cas, les dépressions peuvent devenir très importantes.

« Elles sont les plus grandes sur les bords des ailes et peuvent atteindre pour des voilures courtes 55 kilogrammes par mètre carré pour des vitesses de 20 mètres par seconde et 100 kilogrammes par mètre carré pour des vitesses de 30 mètres par seconde, qui seront probablement les vitesses de demain. »

Quelles sont les dispositions générales données aux aéroplanes?

Un aéroplane n'est autre chose, théoriquement, qu'un système formé par une surface de sustention légère et rigide, et une nef avec son moteur et son propulseur, système auquel il faut ajouter, pour le rendre gouvernable, deux gouvernails : le premier, assurant le changement de route, à droite et à gauche, disposé verticalement comme dans les bateaux, l'autre horizontal, appelé *gouvernail de profondeur*, modifiant le niveau dans le sens vertical, faisant monter ou descendre l'appareil suivant la volonté du pilote. En réalité, il faut adjoindre à ces gouvernails des surfaces accessoires ou des cellules de stabilisation assurant automatiquement l'équilibre de l'aéroplane pendant le vol et remplissant le même effet que la queue des oiseaux, par suite des composantes de soulèvement ou d'abaissement qui résultent des différentes inclinaisons prises par ces cellules ou surfaces.

Le regretté·colonel Renard a énoncé les deux théorèmes suivants relatifs aux aéroplanes :

1° Le travail nécessaire à la propulsion et à la sustension d'un aéroplane, dans l'unité de temps, est minimum lorsque la résistance du sustenteur est égale à trois fois la résistance de l'esquif avec sa charge utile.

2° La force de traction nécessaire à la propulsion et à la sustention d'un aéroplane est minimum lorsque la résistance du sustenteur est juste égale à la résistance de l'esquif.

Tout en réduisant au minimum, dans un appareil, les résistances passives, la valeur du travail et la force de traction que l'on cherche à obtenir ne peuvent donc être abaissées au-dessous d'une certaine limite, et en fait, à l'heure actuelle on n'est encore arrivé qu'à un rendement assez médiocre, et le travail dépensé n'est pas des mieux utilisés dans plusieurs types d'appareils qui exigent un moteur extrêmement puissant pour déplacer un poids relativement faible. Mais déjà cette critique perd de sa force dans les modèles d'aéroplanes les plus récemment construits et expérimentés, et avec une même quantité de travail dépensée on soulève des poids bien plus considérables, ce qui prouve qu'il est fait un meilleur emploi de la puissance développée par le moteur.

CHAPITRE II

HISTORIQUE ET CLASSIFICATION DES APPAREILS D'AVIATION

Quelles sont les plus anciennes tentatives de vol aérien qui aient été enregistrées ?

Sans remonter aux légendes de l'antiquité ni rappeler les récits mythologiques et autres, on peut dire cependant que la recherche des moyens capables d'assurer à l'homme le domaine de l'atmosphère est aussi ancienne que l'humanité elle-même. Toutefois, jusqu'à la fin du quinzième siècle, aucune tentative sérieuse ou méritant le moindre crédit ne peut être rapportée, à part la colombe de bois construite par Archytas de Tarente, philosophe pythagoricien du quatrième siècle avant notre ère, et les ailes du bénédictin anglais, Olivier de Malmesbury, au onzième siècle. Il faut arriver à la Renaissance pour découvrir la trace des premières recherches sensées et méthodiques en cet ordre d'idées, recherches qui émanent d'un puissant penseur, à la fois peintre, architecte et physicien : Léonard de Vinci. C'est ce savant italien qui a reconnu le premier ce fait que l'oiseau, qui est plus lourd que l'air, se soutient et avance dans la masse de ce fluide « en le rendant plus dense là où il passe que là où il ne passe pas ». Pour voler, l'oiseau doit prendre son point d'appui sur l'air : son aile, en s'abaissant, exerce sur ce fluide une pression de haut en bas, dont la réaction de bas en haut, force le centre de gravité de l'animal à remonter à chaque instant à la hauteur où l'oiseau désire se maintenir. Certains croquis contenus dans les mémoires de l'illustre peintre prouvent que Léonard de Vinci s'était même occupé, comme Olivier de Malmesbury, de trouver les moyens capables de permettre à l'homme de voler à l'aide d'ailes convenablement fixées à son corps.

La première idée du parachute doit également être attribuée au Vinci, qui a décrit cet appareil dans les termes suivants : « Si un homme a un pavillon de toile empesée dont chaque face ait 15 brasses de large et soit haute de 12 brasses, il pourra se jeter de telle grande hauteur que ce soit sans crainte de danger. »

On peut dire encore que c'est le même chercheur qui a imaginé l'hélicoptère : « Si, a-t-il écrit, cet instrument, en forme de vis, est bien fait, c'est-à-dire fait en toile de lin dont on a bouché les pores avec de l'amidon et si on le tourne avec vitesse, une telle vis se fera son écrou dans l'air et montera en haut. La charpente de ladite pièce doit être faite avec de longs et gros roseaux ; on en peut faire un petit modèle en papier « dont l'axe soit une lame de fer mince que l'on tord avec force. Quand on laissera cette lame libre, elle fera tourner la vis. »

Tels sont les premiers documents certains que l'on possède sur l'aviation. Quant aux premiers essais pratiques et ayant donné des résultats, on peut les faire remonter au mathématicien J.-B. Dante, de Pérouse (Italie), qui parvint, vers 1450, à réaliser un appareil à ailes fixes au moyen duquel il exécuta, non sans succès, plusieurs vols au-dessus du lac de Trasimène. La dernière expérience se termina par

la chute de l'aviateur qui se brisa une jambe, ce qui mit fin
à ses recherches.

Qu'a-t-on réalisé dans ce même ordre d'idées jusqu'à Montgolfier ?

En 1680, un savant italien, Borelli, publia des études,
remarquables par leur justesse, sur le vol des oiseaux.
D'après lui, l'aile agit sur l'air dans la phase d'abaissement
à la façon d'un plan incliné, pour produire, par suite de la
résistance que lui oppose ce fluide, une réaction qui pousse
le corps de l'animal en haut d'abord, et en même temps en
avant. Quant à l'action de l'aile pendant la remontée, elle
est analogue à celle d'un cerf-volant, et par suite, elle continue à soutenir le corps de l'oiseau, en attendant le coup
d'aile qui va suivre. Telles furent les idées émises par
Borelli qui, toutefois, n'essaya pas de les réaliser ni même
de vérifier leur exactitude.

En 1742, le marquis de Bacqueville essaya de répéter les
expériences d'Olivier de Malmesbury et de Dante de Pérouse,
au moyen d'ailes fixées à son corps, mais le résultat ne fut
pas meilleur. Il franchit un court espace en volant et s'abattit sur un bateau, amarré sur la Seine, où il se cassa la
cuisse.

En 1768, un serrurier de Sablé nommé Besnier essayait
une machine à voler formée de volets articulés s'ouvrant
deux à deux par les mouvements combinés des bras et des
jambes. Il fit quelques essais de cet appareil primitif qui ne
pouvait donner que de très médiocres résultats, puis on
n'en entendit plus parler. Il en fut de même du « cabriolet
volant », inventé quatre ans plus tard par le chanoine Des-
forges, et qui, au dire de son constructeur, devait être
capable de faire trente lieues à l'heure et ne put même
quitter le sol malgré tout les efforts de son conducteur.

Pancton qui, en 1768, a esquissé le projet d'un véritable

hélicoptère, doit être également mentionné, de même que les mécaniciens français Launoy et Bienvenu, qui présentèrent quinze ans plus tard à l'Académie des Sciences et firent fonctionner devant cette assemblée de savants un petit modèle d'hélicoptère mu par un ressort formé d'un

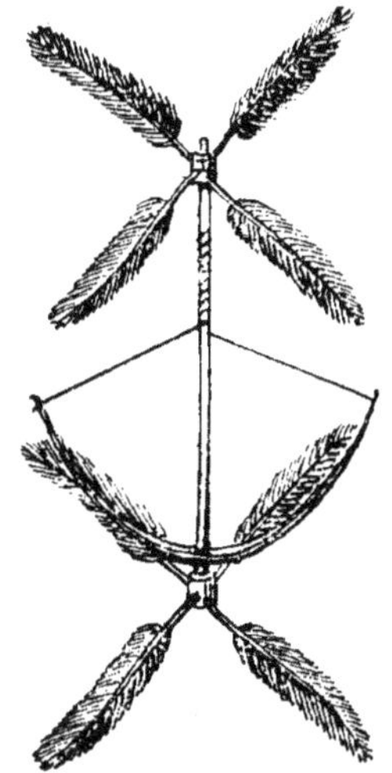

Fig. 5. — Appareil de Launoy et Bienvenu.

arc en baleine. Mais déjà les frères Montgolfier remplissaient le monde du bruit de leur découverte, et on n'accorda pas à cet appareil de démonstration tout l'intérêt qu'il méritait.

Quelles sont les premières tentatives de navigation aérienne?

Lorsque les montgolfières ou ballons à air chaud, et les aérostats ou ballons à hydrogène eurent été créés par Joseph et Etienne Montgolfier et par le physicien Charles en 1783, on crut que rien ne serait plus facile, maintenant que l'on connaissait le moyen de s'élever et se soutenir dans l'atmosphère, que de se diriger à volonté dans tous les sens à travers les plaines infinies de l'air, et d'innombrables projets, la plupart absurdes, firent leur apparition à cette époque. On proposa les propulseurs les plus étranges : les voiles et les rames entre autres, à l'imitation de la marine du temps, mais il est inutile de dire que les quelques idées réalisées conduisirent à des échecs complets. Tel fut le dénouement des expériences de Blanchard, de Miollan et Janinet au Luxembourg, de Lunardi, des ballons à moulinets ou à rames le *Comte d'Artois*, d'Alban et Vallet et *la Ville de Dijon* de Guitton de Morveau, de Zambeccari et de M. de Lennox. On ne peut faire d'exception qu'en faveur du projet du lieutenant Meusnier, qui est regardé à bon droit comme étant le point de départ de toutes les études rationnelles de navigation aérienne au moyen d'aérostats, exécutées depuis cette époque. Le mémoire du lieutenant Meusnier date de l'année 1784; il fut à cette date communiqué à l'Académie des Sciences et était conçu ainsi :

« L'hydrogène est contenu dans un ballon de forme oblongue, en taffetas enduit d'une dissolution de caoutchouc pour le rendre imperméable. Cette enveloppe doit être aussi légère que possible, et plus grande que le volume du gaz qu'elle doit contenir, afin de n'être jamais complètement tendue. Je la nomme *enveloppe imperméable*. La seconde enveloppe, dite *de force*, peut être de toile, et d'autant plus épaisse que l'aérostat sera de plus grandes dimensions; elle est fortifiée encore, à l'extérieur, par un réseau de cordes ou un filet. Elle doit seulement être imperméable à l'air atmosphérique comprimé. On doit laisser entre les deux enveloppes un assez grand espace qui, par un tuyau de même nature que l'enveloppe de force, communique avec une pompe foulante installée dans la nacelle. On peut, au moyen de cette pompe, comprimer l'air entre les deux enveloppes et augmenter ainsi la pesanteur spécifique moyenne du fluide contenu dans l'aérostat, l'enveloppe de force étant peu extensible. Tout le poids de l'air introduit vient alors s'ajouter à celui de l'aérostat qui ne peut rester en équilibre et descend à un niveau inférieur. Pour remonter, il suffit d'ouvrir un robinet permettant à l'air comprimé de s'échapper. Ce système est complété par un agencement de rames tournantes actionnées par l'équipage du ballon. »

Les dispositions imaginées par le lieutenant Meusnier sont irréalisables, d'ailleurs le projet qu'il présentait n'a jamais été mis à exécution, mais il a conduit à l'adoption du ballonnet interne à air pour assurer la permanence de la forme dans les ballons captifs et les aérostats automobiles ou aéronats.

Quelles ont été les expériences de navigation aérienne remarquable du XIXe siècle?

La première tentative véritablement sérieuse de direction des ballons date de l'année 1852. Jusqu'à ce moment, depuis l'invention de Montgolfier, aucun projet ne mérite d'être retenu, bien que certaines idées émises par Petin, Dupuis-Delcourt, Carmien de Luze, Sanson, Scott de Martainville, etc., continssent en germe quelques parcelles de vérité utilisées plus tard. C'est Henri Giffard, le grand ingénieur, inventeur de l'injecteur à vapeur, qui eut la hardiesse de mettre ses théories à l'épreuve de la pratique en conduisant dans les airs le premier aérostat muni d'un propulseur actionné par un moteur mécanique, en l'espèce une machine à vapeur extra-légère pour l'époque, et développant une puissance de 3 chevaux-vapeur.

L'ascension ayant dû avoir lieu à jour fixe, car elle constituait un spectacle public donné par l'Hippodrome, la vitesse du vent se trouva supérieure à celle que pouvait vaincre l'appareil. Le ballon ne put donc pas revenir à son point de départ et Giffard ne fut pas plus heureux en 1855 avec un ballon beaucoup plus grand que le premier, aussi la question parut ne pas avoir avancé d'un pas. Cependant l'ingénieur avait montré la voie à suivre et ses insuccès n'étaient dus qu'à l'insuffisante vitesse propre dont ses navires aériens étaient munis, ainsi qu'au manque de stabilité de ces longues carènes remplies de gaz plus léger que l'air.

C'est l'ingénieur des constructions maritimes Dupuy de Lôme qui, en 1872, fournit la première solution pratique de l'équilibre longitudinal des ballons allongés, en employant en premier lieu le ballonnet intérieur à air de Meusnier, et un système particulier de liaison de la nacelle au corps du ballon. Le fuseau de soie demeura alors constamment tendu, malgré les variations continuelles de volume du gaz sous l'influence des changements de température de l'atmosphère, et les mouvements de tangage se trouvèrent supprimés. Mais ayant employé un moteur bien moins puissant que celui de Giffard : la force musculaire d'une équipe de huit hommes tournant les manivelles de l'arbre porte-hélice, la vitesse propre de déplacement de l'aéronat fut inférieure à celle des ballons à vapeur de 1852 et 1855 : 2 mètres 50 par seconde au lieu de 3 mètres et 3 mètres 50.

L'honneur d'avoir les premiers ramené un aérostat libre à son point de départ après avoir parcouru un circuit fermé, revient aux capitaines Charles Renard et Krebs qui, le 9 août 1883, remplirent toutes les conditions du problème à l'aide du ballon fusiforme de 1.850 mètres cubes de capacité, la *France*. La machine était un moteur électrique de 9 chevaux, alimenté d'énergie par une batterie de piles à l'acide chlorochromique ne pesant que 25 kilogs par cheval et pouvant fonctionner deux heures. La vitesse propre atteinte par l'aéronat la *France*, dans ses différentes sorties de 1883 et 1884, fut de 6 mètres 50 par seconde, soit environ 23 kilomètres à l'heure.

Le grand mérite des deux officiers fut d'avoir parfaitement résolu toutes les difficultés que présente ce genre de locomotion, et ce, grâce à des moyens entièrement nouveaux et différents de ceux de Giffard et de Dupuy de Lôme. Un peu avant eux, les frères Tissandier avaient expérimenté de leur côté un ballon dirigeable à moteur électrique, mais sans pouvoir faire mieux que de dévier de la ligne du vent.

Quels sont les progrès réalisés dans la navigation aérienne au moyen d'appareils plus légers que l'air ?

Quinze ans s'écoulèrent sans que de nouvelles tentatives de direction aérienne fussent recommencées. C'est seulement en 1898 qu'un jeune brésilien, Santos-Dumont, entama une longue campagne d'études pratiques, au cours de laquelle il ne fit pas construire moins de quatorze modèles différents de ballons dirigeables, d'abord très défectueux, mais peu à peu perfectionnés. C'est avec son numéro 7 qu'il parvint enfin, le 21 septembre 1901, à remplir les conditions imposées pour le prix Deutsch de 100 000 francs, c'est-à-dire le parcours aller et retour des coteaux de Saint-Cloud à la Tour Eiffel en moins d'une demi-heure. Il dépassa de quarante secondes le délai accordé, cependant le jury de l'épreuve lui décerna le prix, surtout pour récompenser sa hardiesse et sa persévérance.

Des catastrophes douloureuses terminèrent les expériences des aéronautes qui s'étaient lancés sur les traces du jeune sportsman, et on a encore présentes à la mémoire la chute du ballon le *Pax* monté par Severo et Saché, celle du *Deutschland* en Allemagne et celle de l'aéronat de Bradsky-Laboun, monté par son propriétaire accompagné de l'électricien Morin, chute qui causa la mort de ces différents pilotes.

Les magnifiques voyages aériens exécutés en France en 1903 et 1904 par le dirigeable le *Jaune*, construit sur les plans de l'ingénieur Julliot pour MM. Lebaudy frères, suscitèrent une vive émulation dans les divers pays, et l'aéronautique fut le sujet des préoccupations de beaucoup de gouvernements, notamment en Allemagne, où le comte Zeppelin poursuivait depuis l'année 1878 des expériences à l'aide d'un immense ballon dirigeable de 10.000 mètres cubes de capacité, à carcasse rigide en aluminium. Ce ballon ayant été détruit dans un accident, une souscription nationale donna à l'inventeur les millions nécessaires pour réédifier son navire qui parvint à accomplir les plus longues traversées aériennes qui aient été enregistrées jusqu'ici, c'est-à-dire plus de 1.200 kilomètres en 36 heures. Mais la malechance guettait les constructions du comte Zeppelin, qui furent successivement détruites l'une après l'autre par un malheureux concours de circonstances.

Le même sort était réservé en France au dirigeable militaire *République*, qui fut déchiré durant son voyage de retour des grandes manœuvres de 1908, par une pale d'hélice subitement détachée du moyeu. L'aéronat s'abattit de 100 mètres de haut sur le sol et les officiers et sous-officiers qui le montaient furent tués dans la chute. Déjà deux ans auparavant un accident avait privé la flotte aérienne française d'une unité analogue à la *République* : le *Patrie*, qui fut arraché des mains des soldats qui le maintenaient à terre, et alla se perdre dans l'Atlantique, au nord de l'Irlande, sans heureusement entraîner cette fois de mort d'homme.

L'année 1910 a été marquée en France par les remarquables traversées aériennes du *Clément-Bayard* et du *Morning-Post*, qui ont exécuté tous deux le parcours Paris-Londres sans escale. Il convient également de citer les remarquables résultats fournis au point de vue de la vitesse et de la durée de séjour dans les airs des aéronats militaires italiens, anglais et allemands, notamment le *Parseval*, le *Clouth* et le *Gross-Basenach*, enfin des vedettes aériennes françaises type *Zodiac*. Ces résultats sont dus en majeure partie aux progrès apportés à la construction des moteurs. Alors que la machine motrice de Renard et Krebs pesait 600 kilos pour fournir 9 chevaux-vapeur pendant moins de deux heures, soit 35 kilogs par cheval et par heure, aujourd'hui les moteurs à essence de pétrole employés à bord des dirigeables pèsent à peine 3 kilogs par cheval-heure. On peut donc disposer, sous un poids restreint, d'une puissance considérable, ce qui permet de communiquer à l'appareil une vitesse propre en air calme d'environ 50 kilomètres à l'heure.

Quelle est, résumée, l'histoire de l'aviation au XIXe siècle?

Pendant toute cette durée de cent ans, les efforts des chercheurs se sont heurtés à des impossibilités résultant surtout dans le poids considérable des moteurs existant dans l'industrie ; aussi les résultats obtenus, quoique encourageants, furent nuls, si bien que beaucoup de savants considéraient l'aviation comme une utopie. Parmi les projets intéressants qui virent le jour durant cette période, il faut citer d'abord les essais de van Hecke, à Bruxelles, en 1846, effectués au moyen d'hélices ascensionnelles appliquées à la nacelle d'un aérostat. Un mouvement de soulèvement bien net fut marqué chaque fois que ces hélices furent mises en mouvement à force de bras. Ce dispositif a été repris dans la suite sous le nom d'*hélice lest* par le constructeur Mallet.

A peu près à la même époque, divers petits modèles d'hélicoptères imaginés par Philipps, Cossus, Aubaud, Michel Loup de Lyon, firent leur apparition, mais il faut arriver à l'année 1863 pour trouver la théorie du « plus lourd que l'air » érigée en corps de doctrine et prétendant donner le domaine de l'air à l'humanité grâce aux appareils d'autolocomotion aérienne. C'est Nadar qui devait se faire le protagoniste des nouvelles idées, en se basant sur les résultats obtenus par les petits appareils conçus par Ponton d'Amécourt et G. de la Landelle, et c'est lui qui créa à cette époque le grand mouvement d'idées d'où devait sortir la *Société*

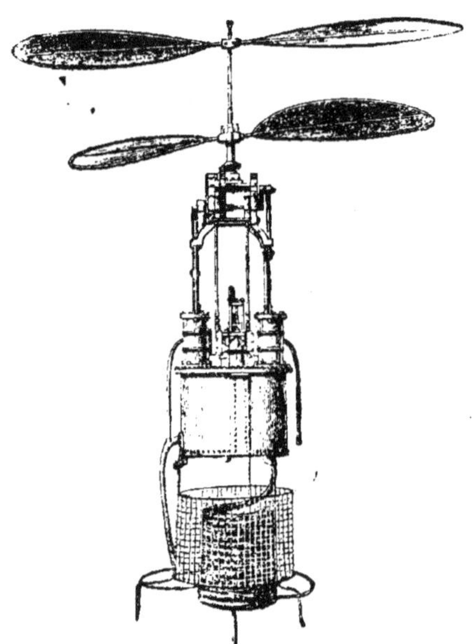

Fig. 6. — Hélicoptère à vapeur de Ponton d'Amécourt.

française de navigation aérienne, qui est, encore aujourd'hui, florissante. Un hélicoptère de démonstration, actionné par un petit moteur à vapeur (fig. 6), fut d'abord construit, mais il ne parvint qu'à s'alléger sans pouvoir quitter le sol ; il n'en parut pas moins possible aux trois enthousiastes promoteurs, secondés par l'académicien Babinet et nombre de bons esprits de l'époque, d'arriver à établir une véritable locomotive aérienne. Pour réaliser ce programme, Nadar fit construire par Godard un ballon énorme, le *Géant,*

dont les ascensions devaient fournir les capitaux nécessaires à l'édification de l'aéronef rêvée, mais cette entreprise fut financièrement un désastre. Loin de réunir les
fonds indispensables, Nadar se ruina et l'hélicoptère resta,
comme auparavant, un rêve séduisant.

L'idée, toutefois, était lancée et les recherches allaient se
poursuivre sans interruption. Les années qui suivirent appa-
rurent les projets de Pomès et de la Pauze, d'Achenbach,

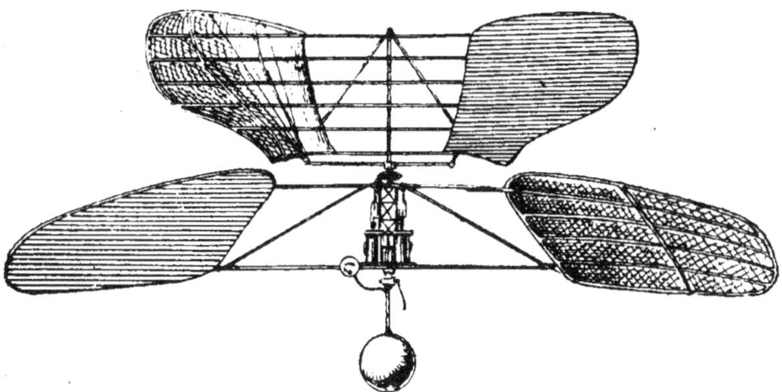

Fig. 7. — Hélicoptère Forlanini.

de Hérard, de Dieuaide, de Mélikof, de Castel et enfin de
Forlanini (1878), l'appareil de ce dernier savant constituant
le premier hélicoptère qui ait pu s'enlever libre en emportant son moteur. Dans ce système, l'hélice ascensionnelle,
à deux palettes de grande surface, était mise en mouvement par une transmission à engrenages d'angle ayant
pour but d'augmenter la vitesse donnée par le moteur à
vapeur à deux cylindres monté sur une perche horizontale,
formant la charpente d'une aile fixe destinée à offrir une
grande résistance à l'air et s'opposer à la rotation, en sens
inverse de l'hélice, de tout le mécanisme.

Le générateur était une sphère creuse en cuivre, fixée
au-dessous de la traverse, et dans laquelle la vapeur se

trouvait dissoute sous haute pression dans l'eau surchauffée. L'appareil Forlanini s'éleva à 13 mètres de hauteur en 20 secondes. Le travail dépensé était de 15 kilogrammètres par seconde (1 cinquième de cheval), ce qui, étant donné le poids de 3 kilogs 500 de l'ensemble du mécanisme, montre un rendement très satisfaisant.

Malgré ces résultats encourageants, l'étude de l'hélicoptère ne fut pas poussée plus loin. L'esprit des inventeurs se portait déjà de préférence vers les appareils à plans inclinés dérivant du cerf-volant et auxquels on avait donné le nom d'*aéroplanes*. Le premier projet de ce genre remonte à l'année 1843, et il est dû à l'Anglais Henson. La machine ne fut réalisée qu'en petit et ne parvint pas à quitter le sol. Il est toutefois intéressant de noter que, sous beaucoup de rapports, elle ressemblait déjà à certains modèles actuels.

En 1868, Stringfellow fit un petit aéroplane à vapeur qui courait avec rapidité le long d'un fil de fer lui servant de guide, mais qu'il ne pouvait abandonner. La même année, le mécanicien Jobert construisit une sorte de strophéor ou spiralifère à axe horizontal armé d'un plan de sustention. La course de ce modèle atteignait 15 mètres. En 1871, Alphonse Pénaud combina son *planophore* (fig. 8), dont la stabilité était des plus remarquables et qui devait sa propulsion à une petite hélice à deux palettes placée à l'avant et mue par un faisceau de lanières de caoutchouc tordu. Peu après, en collaboration avec Gauchot, le même savant prenait un brevet pour un aéroplane à vapeur, présentant des particularités intéressantes, et en 1879, M. Victor Tatin expérimentait à Meudon un appareil possédant un moteur à air comprimé, appareil qui parvint à s'élever et à franchir un court espace en l'air.

Nous arrivons ensuite, en 1893, à la machine volante à plans multiples de Maxim, qui était munie d'un moteur à vapeur, à vaporisateur rapide, de 300 chevaux. Cet aéroplane ne put s'élever, mais il en fut bien près, car il fit un effort marqué pour quitter le rail-guide servant à le maintenir pendant sa course en droite ligne. En 1896, l'aéroplane du professeur Langley franchissait par ses moyens une étendue de terrain de 800 mètres. Son poids était de 11 kilogs; peu après, le professeur Richet et M. Tatin expérimentaient une machine analogue pesant 33 kilogs;

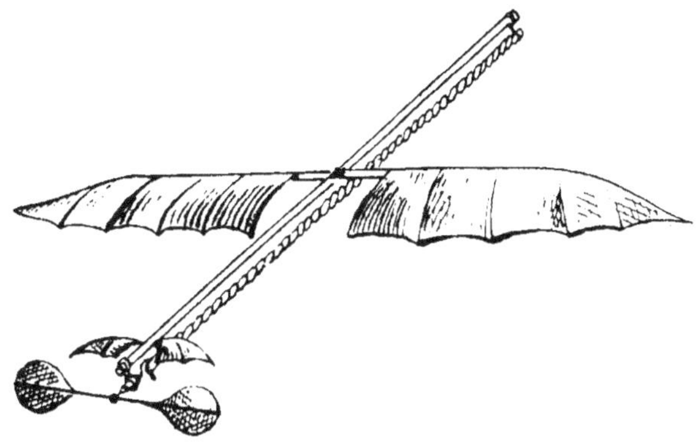

Fig. 8. — Planophore Pénaud.

mais la stabilité étant précaire, l'étendue du vol de cet aéroplane réduit ne dépassa pas 140 mètres.

En 1898, le ministère de la Guerre, désireux de posséder une machine volante, nommait une commission pour assister aux essais d'un appareil dénommé *avion*, auquel l'ingénieur Ader travaillait depuis l'année 1882, et qui était pourvu d'un moteur à vapeur extra-léger de 20 chevaux, véritable chef-d'œuvre de mécanique. L'avion quitta le sol, mais, emporté par une violente rafale au delà des limites de la piste tracée, son conducteur voulut regagner le sol. Malheureusement, l'atterrissage fut désastreux, et l'aéroplane fut presque entièrement détruit; M. Ader fut, par suite, forcé d'abandonner ses recherches au moment d'atteindre le succès définitif, mais il n'en demeure pas moins établi que l'avion est le premier aéroplane qui ait quitté le sol et effectué un vol d'une certaine étendue en emportant son conducteur.

De 1890 à 1904, un Allemand, Otto Lilienthal, étudiait patiemment, à l'aide de surfaces fixes, les conditions d'équilibre des planeurs; il exécuta plus de deux mille vols libres, mais sa machine se brisa au cours d'une expérience et entraîna la mort de cet inventeur, qui a eu le mérite de montrer la voie à ses successeurs.

Qui a réalisé l'aéroplane actuel?

L'aéroplane actuel n'est pas l'œuvre d'un seul homme : il est la résultante d'une série d'efforts et de recherches poursuivis depuis un demi-siècle par les inventeurs de tous les pays, mais il faut reconnaître que la réalisation du vol d'après le principe du plus lourd que l'air n'a été possible que le jour où l'on a pu disposer d'un moteur suffisamment léger pour pouvoir être soulevé par des surfaces de sustension convenables.

Lilienthal, en 1896, Pilcher, son émule, en 1899, avaient trouvé la mort au cours de leurs essais de vol plané, mais leur exemple avait entraîné d'autres imitateurs, également persuadés que le succès pouvait être trouvé dans les plans glissant sur l'air, et parmi ces derniers, le Français Octave Chanute établi aux États-Unis, et qui fit plusieurs adeptes, notamment Herring et les frères Wright qui devaient tant faire parler d'eux plus tard. Lilienthal avait fondé la méthode rationnelle pour apprendre à voler, mais contrairement à la plupart des inventeurs, il affirmait que la question « moteur » était secondaire, alors que celle de l'équilibre et de la stabilité était fondamentale, et cette conviction l'amena à scinder le problème en deux parties qu'il voulut résoudre l'une après l'autre.

« Supposons, a-t-il écrit, que nous ayons à notre disposition une machine volante parfaite; il est évident qu'il sera tout aussi difficile de la conduire en montant qu'en descendant. Avant tout, apprenons à conduire, et comme il est plus facile d'organiser une machine sans moteur, commençons par descendre. » C'est là l'idée féconde dont Lilienthal fut pénétré : acquérir les réflexes à l'équilibre, *d'abord ;* construire une machine complète, et avec moteur et propulseur *ensuite,* lorsqu'il saurait maintenir l'équilibre pendant le vol. La deuxième idée, non moins heureuse, de ce tenace pionnier de l'aviation, a été de se servir d'un vent ascendant pour obtenir le départ. Il n'aurait pas suffi, en effet, de partir en courant du sommet d'une colline pour s'envoler, car la vitesse de 1 ou 2 mètres par seconde ainsi acquise aurait été insuffisante pour obtenir la sustention.

Tous ceux qui, par la suite, ont imité la méthode imaginée par Lilienthal, ont parcouru un certain espace dans l'air, entre autres le capitaine Ferber en 1898, W. et O. Wright en 1900, Robart en 1902, Voisin, Burdin, Esnault-Pelterie en 1904. Mais le 17 décembre 1903, les frères Wright, ayant terminé le cycle de leurs études préliminaires, adjoignaient un moteur et une hélice à leur aéroplane type Lilienthal-Chanute, et exécutaient leur premier vol sur une étendue de 240 mètres. L'expérience eut lieu à Dayton (Ohio-U. S. A.). Leurs progrès furent rapides, et en 1905 ils parvenaient à voler en circuit fermé pendant une demi-heure, parcourant ainsi 33 kilomètres sans toucher terre. Ces remarquables résultats, communiqués par leurs auteurs à l'Aéro-Club d'Amérique, ne rencontrèrent en Europe que le scepticisme le plus complet, et il fallut que, le 23 octobre 1906, à Bagatelle, Santos-Dumont réussît à s'enlever sur un espace de 25 mètres pour que l'on crût possible l'avènement du « plus lourd que l'air » par l'aéroplane. Le 12 novembre, le même aviateur franchissait 220 mètres, et il fallut ensuite presque un an pour que Farman parvînt à dépasser son prédécesseur en volant 770 mètres à bord d'un appareil construit par les frères Voisin.

A partir de cette date, les progrès devaient marcher à pas de géant. Le 13 janvier 1908, Henri Farman remplissait les conditions du Prix Deutsch-Archdeacon et parcourait le premier kilomètre en circuit fermé. Après lui, Delagrange, Blériot, augmentaient de plus en plus cette distance, et tentaient les premiers vols au-dessus de la campagne. En 1908, Wilbur Wright venait en France, d'abord aux Hunaudières, puis au camp d'Auvours, et entreprenait une longue série d'expériences à l'aide de son « flyer ».

Le 31 décembre, malgré un froid excessif, l'aviateur américain remportait la coupe Michelin par un vol de deux heures de durée et en s'élevant à 100 mètres de haut. Cette double performance, qui souleva l'enthousiasme, ne devait pas tarder à être dépassée de loin en 1909, au cours de la « Semaine d'aviation » de Champagne et des divers meetings donnés partout. Au cours de cette année, le monoplan français donna, avec Blériot, la démonstration de ses avantages en réussissant la première traversée en aéroplane du détroit du Pas-de-Calais.

Les années 1910-1911 devaient être non moins fécondes en résultats; malheureusement attristées par des accidents répétés, entraînant la mort des pilotes les plus intrépides et les plus réputés, tels que Delagrange, Le Blon, Daniel et Nicolas Kinet, Wachter, Hauvette-Michelin, Poillot, Chavez, Blanchard, Lafont, Princeteau, Lemartin, enfin Cecil Grace, et le lieutenant Bague, perdus en mer, etc., etc. Lorsque l'aube de 1911 se leva, les *records*, étaient élevés aux chiffres suivants :

Distance : Tabuteau, à Buc, le 30 décembre, 585 kilomètres en 7 heures 48 minutes 31 secondes.

Durée : 8 heures 12 minutes sans arrêt par H. Farman.

Hauteur : 3500 mètres par Legagneux.

Vitesse : Féquant et Weyman, de Mourmelon à Reims en 10 minutes, soit 162 kilomètres à 1 heure.

Distance sur routes : Védrines sur monoplan Morane a franchi Paris-Madrid, soit 1.163 kilomètres en 37 heures 27 minutes.

Poids enlevé : Sommer enlève à Mouzon, sur monoplan, 12 passagers — poids des 12 passagers, du pilote et du carburant 653 kilogrammes.

Comment classait-t·on les divers systèmes d'aéroplanes actuels ?

Tout d'abord, on a différencié les appareils en deux catégories, suivant leur mode de lancement ; les aéroplanes de l'école américaine représentée par les Wright, et ceux de l'école française construits par les frères Voisin.

Les Wright n'employant qu'un moteur de puissance relativement médiocre : 25 chevaux, aidaient au départ par une brusque impulsion fournie par une force étrangère. Leur machine aérienne était montée sur de longs patins en bois ayant une certaine élasticité. On la posait, pour le départ, en travers d'un long rail, et on l'amarrait, par une corde passant sur une poulie de renvoi placée à l'autre extrémité du rail, à un contrepoids formé de disques en fonte pesant 700 kilogrammes que l'on élevait au sommet d'un pylone de quatre mètres de hauteur. Les hélices propulsives étant embrayées, un déclic amenait la chute du contrepoids qui opérait une violente traction sur l'appareil. Celui-ci glissait tout le long du rail et, parvenu à son extrémité, s'élevait selon un plan incliné plus ou moins accentué. A l'atterrissage, le choc était atténué par les longs patins flexibles

Il n'en est pas de même dans les machines volantes de l'école française qui opèrent leur départ à l'aide de leurs seuls moyens. A cet effet, elles sont munies d'un chariot composé de deux roues renforcées montées sur de puissants ressorts à boudin. L'arrière est également muni d'une petite roue pouvant tourner comme celles d'avant, dans tous les sens, de même que des roulettes de fauteuil. Les hélices tractives ou de poussée entraînent l'aéroplane à une vitesse croissante, en roulant sur le sol. Lorsque le pilote juge que cette vitesse est suffisante, il manœuvre son gouvernail de profondeur ou son équilibreur, de manière à produire une composante de soulèvement et déterminer l'ascension. Quand l'appareil revient à terre, il est reçu sur ses roues, le choc est atténué par les ressorts amortisseurs, et la vitesse diminue progressivement jusqu'à l'arrêt. Ce procédé est incontestablement supérieur au précédent, et la meilleure preuve en est que les Wright ont abandonné le lancement avec pylone et contrepoids dans leur dernier modèle.

Comment divise-t-on les types d'aéroplanes ?

Il existe deux catégories distinctes d'aéroplanes, caractérisées par le nombre de leurs surfaces de sustention : les monoplans et les multiplans. Les premiers, dont les types les plus connus sont le Blériot et le Morane, etc., ne possèdent qu'une paire d'ailes, agencées à droite et à gauche du corps de l'oiseau artificiel, ce corps étant formé d'une charpente légère portant le nom de *fuselage*. L'extrémité de ce fuselage est munie de deux surfaces plus petites que les ailes et ayant pour but d'assurer la stabilité.

Les multiplans comportent plusieurs étages de plans superposés. Lorsque l'appareil a deux plans superposés, il est dénommé *biplan;* tels sont les modèles de Wright, de Voisin, de Farman, de Sommer; on a construit également des *triplans,* tels le Goupy, mais ce dispositif est le moins usité, car son poids ne lui donne pas un avantage bien marqué sur le biplan.

La stabilité est assurée automatiquement par un plan ou une cellule disposée à l'extrémité arrière de la queue formée de longerons reliés par des entretoises et des haubans tendeurs. Le moteur est placé dans l'intérieur du fuselage, entre les deux plans, et il actionne le ou les propulseurs qui agissent par poussée. Une surface supplémentaire est agencée en avant des plans sustenteurs, à l'extrémité des longerons; elle peut osciller à la volonté du pilote au-dessus et au-dessous de l'horizontale, et joue le rôle de gouvernail de profondeur pour déterminer l'ascension et faire varier le niveau de la route suivie dans l'air par l'appareil.

Un point qui présente encore une grande importance réside dans le mécanisme permettant à l'aéroplane de virer de bord et dévier à droite ou à gauche de sa route, suivant le besoin. La disposition brevetée par les Wright consiste dans un procédé particulier de gauchissement des surfaces de sustention. En agissant sur un levier de commande, en même temps que l'on oblique à droite ou à gauche une surface verticale faisant fonction de gouvernail de direction, on oblige le bord antérieur des ailes à se gauchir, à prendre une forme légèrement hélicoïdale, et cette déformation assure la stabilité pendant l'exécution du virage. Le même résultat est obtenu, dans les modèles français, par le jeu d'ailerons supplémentaires adjoints à l'extrémité des ailes ou plans, et dont le mouvement est combiné avec celui du gouvernail de direction. .

Telles sont les dispositions générales données aux aéroplanes actuels et qui suffisent, avec des pilotes hardis et habiles, à exécuter les merveilleuses prouesses dont nous n'avons pu donner qu'un aperçu dans les pages qui précèdent. Dans les chapitres qui vont suivre nous étudierons en détail les différentes pièces constituant les machines volantes modernes, qui se substitueront certainement un jour aux automobiles qui sillonnent de leur course rapide les routes de tous les pays.

L'aviation a-t-elle pénétré dans le domaine des choses pratiques?

Oui, on peut l'affirmer sans crainte d'être démenti, l'aviation est entrée maintenant dans le domaine des choses usuelles : il ne faut plus, comme au début, il y a seulement deux ou trois ans, être un acrobate risquant son existence pour l'appât de la gloire et de la fortune ; les appareils volants ont été sérieusement perfectionnés, et ils deviendront des appareils de locomotion au même titre que les automobiles et les navires. Ils gagnent tous les jours en stabilité, en vitesse et en puissance. L'industrie s'est d'ailleurs emparée de cette branche de la construction mécanique, qui n'est autre chose, comme on l'a remarqué, qu'un prolongement de l'automobilisme et de l'aéronautique, car elle emprunte à ces sciences appliquées la plupart de leurs procédés et matériaux.

Il a fallu, pour faire passer les conceptions des inventeurs au rang des choses usuelles, que les ingénieurs se livrassent à des calculs serrés afin de ne laisser que le moins possible au hasard et arriver à établir des constructions à la fois légères et solides, l'atterrissage constituant souvent une rude épreuve pour un aéroplane, surtout lorsque le pilote est encore à la période d'apprentissage et ne possède pas encore à fond tous les secrets de manœuvre qui résultent surtout de l'expérience. Là aussi il a fallu traverser une époque de tâtonnements et d'études pour se rendre compte de la valeur réelle, par leur mise à l'épreuve, des divers matériaux entrant dans l'édification des nefs aériennes, ainsi que les meilleures méthodes à appliquer pour réaliser des surfaces géométriquement parfaites, quel que fût leur profil ou leurs dimensions, et cependant sans multiplier outre mesure les fils tendeurs, haubans, etc. On peut affirmer que, pour les appareils actuels, la perfection a été rapidement atteinte, et qu'aujourd'hui il existe de nombreux ateliers de constructeurs capables de produire des machines aériennes irréprochables et reproduisant rigoureusement les formes déterminées par les ingénieurs, qu'il s'agisse d'aéroplanes à plan unique de sustention ou à plans multiples.

CHAPITRE III

LE MONOPLAN

Qu'est-ce qu'un aéroplane ?

Un aéroplane n'est autre chose qu'un cerf-volant perfectionné. C'est un plan rigide ou une surface arquée, à concavité tournée vers le sol, et qui se déplace dans l'espace en demeurant légèrement inclinée sur l'horizontale. Au-dessous de ce plan, et par suite de son obliquité, l'air est refoulé et comprimé, alors qu'au-dessus il se trouve raréfié et aspiré. La surface est poussée par l'air comprimé qui se trouve au-dessous et attirée par le vide partiel qui existe au-dessus. Ces deux actions s'ajoutent et représentent l'effort du soulèvement.

Le déplacement du plan est obtenu au moyen d'une ou plusieurs hélices à axe horizontal. Une hélice mue par un moteur pour la propulsion, et un plan incliné pour la sustention, telles sont donc les deux parties essentielles d'un aéroplane, qui se résume en un plan oblique poussé par une hélice. En plus de ces deux organes fondamentaux, tous les aéroplanes comportent un gouvernail vertical pour la direction à droite et à gauche, et un gouvernail pour les variations d'altitude, dit *gouvernail de profondeur*, ou équilibreur.

Les divers systèmes actuels d'aéroplanes diffèrent surtout les uns des autres par les moyens d'assurer la stabilité de route, longitudinale et transversale, et le nombre de plans de sustention qu'ils possèdent. On peut les ranger en deux grandes classes : les monoplans, à surface unique, et les biplans, triplans, etc., à plusieurs voilures superposées. A la première appartiennent les types de Blériot, de Morane, d'Esnault-Pelterie, Deperdussin, etc. ; à l'autre, les biplans de Wright, de Voisin, de Curtis, de Farman, de Sommer, etc.

Comment obtient-on la stabilité longitudinale des aéroplanes ?

Dans un appareil d'aviation basé sur l'utilisation de la résistance de l'air pour assurer la sustention, la sécurité est intimement liée à la stabilité. Les aéroplanes de Voisin et dérivés sont munis d'une *queue stabilisatrice* constituant un procédé d'équilibre presque automatique. Cette queue est formée d'une ou deux paires de surfaces, équidistantes à l'axe de l'appareil, parallèles à la ligne de marche, et formant avec le gouvernail de direction qui est biplan, une espèce de boîte ou cellule ouverte à l'avant et à l'arrière.

Il est aisé de se rendre compte par l'examen des figures 9, 10 et 11 de l'effet de ces plans stabilisateurs. Les plans de sustention font avec la ligne de vol, supposée parfaitement horizontale, un certain angle, 8 à 10 degrés environ. Cet angle doit être constant pour une vitesse déterminée. Si, pour une raison quelconque, l'inclinaison des plans sustenteurs vient à augmenter, les plans d'arrière vont se relever vers l'avant et provoquer une réaction de bas en haut. L'appareil pivotera autour de son

centre de gravité et reviendra à sa position première par
suite de la pression de l'air sur la face inférieure de ces
plans. Si le contraire se produit, si les surfaces de sustension deviennent moins inclinées et que l'appareil tende à
piquer du nez, l'effet inverse se produira et l'équilibre se

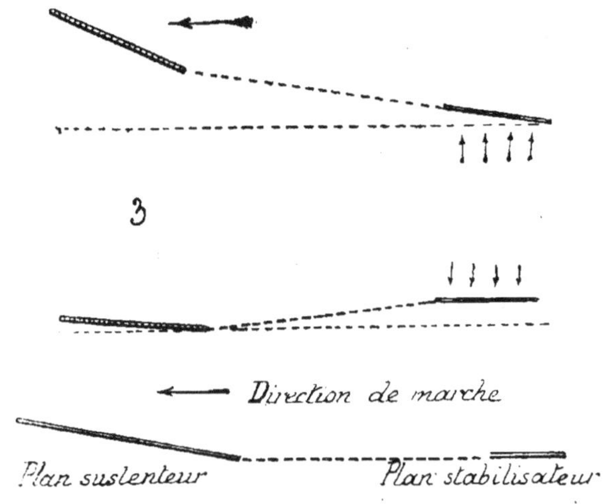

Fig. 9, 10 et 11.

trouvera rétabli par la pression de l'air sur les faces supérieures des plans stabilisateurs.

L'effet produit par ces plans est donc analogue à celui de
la queue chez les oiseaux, mais pour éviter de donner une
trop grande amplitude à leurs mouvements qui devraient
en même temps s'effectuer avec une très grande prompti-
tude, presque instantanément même, on dispose ces plans
à une certaine distance des plans sustenteurs, de manière
à avoir un grand bras de levier et limiter ainsi le déplacement.

Les premiers « flyers » des frères Wright étaient dépour-
vus de cet agencement à l'arrière, aussi la stabilité longitudinale de leur oiseau artificiel laissait-elle à désirer, et ils

remédiaient à ce défaut à l'aide d'un gouvernail de profondeur disposé à l'avant, gouvernail biplan de surface relativement grande et dont les mouvements étaient commandés par un levier placé sous la main du pilote. Ce

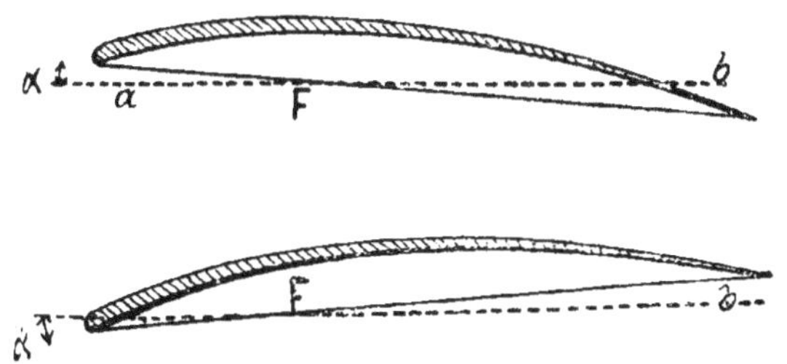

Fig. 12 et 13. — Variations de l'angle, positif, puis négatif,
par oscillation autour de l'axe horizontal *a b*.

gouvernail existe, comme surface additionnelle, dans les biplans type Farman, mais il ne sert alors qu'à faire monter ou descendre la machine volante à la volonté de son conducteur, complétant ainsi les surfaces stabilisatrices d'arrière, fixées à l'extrémité de longerons entretoisés.

Comment réalise-t-on la stabilité transversale des aéroplanes?

Ce qui vient d'être dit s'applique à la stabilité *longitudinale* de l'appareil. Pour assurer la stabilité transversale ou latérale, qui ne présente pas moins d'importance, on emploie divers moyens. Les appareils Wright présentent un dispositif qui constitue une particularité caractéristique, et dont ces inventeurs possèdent la priorité incontestable. Cet agencement consiste dans une combinaison de tendeurs, manœuvrables à volonté, et qui permet à l'aviateur montant l'appareil, de déformer, de gauchir en sens inverse l'un de l'autre, les bords extrêmes des plans de sustension. Chaque moitié de ces plans formant une aile, on a donné à cette méthode le nom de gauchissement des ailes. Si l'on augmente l'obliquité d'une aile par rapport à l'horizon, la résistance de l'air devient plus grande et la vitesse de progression diminue, l'aile s'abaissant légèrement. On comprend dès lors le rôle et l'importance de cette déformation momentanée lorsque l'équilibre latéral et compromis pour quelque cause que ce soit. De plus, cette disposition donne la possibilité d'exécuter des virages de très court rayon, en diminuant la vitesse d'une aile en même temps qu'on augmente celle de l'autre aile.

La stabilité transversale est réalisée, non plus par le gauchissement des ailes, mais par la manœuvre *d'ailerons* supplémentaires dans les monoplans.

Quels sont les calculs à établir pour construire un aéroplane?

Dès que l'inventeur a conçu de façon précise le principe de l'appareil qu'il lui faut construire, c'est-à-dire les moyens qu'il se propose d'expérimenter pour naviguer dans l'océan aérien, il doit passer au calcul des dimensions générales qu'il convient d'adopter. L'étendue des surfaces portantes, des gouvernails, la puissance du moteur, les caractéristiques des propulseurs, sont autant de points à élucider. De leur ensemble naîtra la machine volante que la pratique, sur le terrain de l'aérodrome, permettra de mettre au point.

Tout d'abord, il faut déterminer un point non sans importance : celui de la courbure la plus convenable à donner aux surfaces de sustention. Ces surfaces ne sont pas des plans dans le sens géométrique du mot. Si l'on employait des plans rigides, l'air rencontré par l'aéroplane pendant sa marche viendrait choquer le plan incliné que forme chaque aile, et tout en réalisant la sustention, celle-ci serait, ainsi que l'expérience le confirme d'ailleurs, beaucoup moindre

que si l'on employait des surfaces à concavité dirigée vers
le sol. Ce fait a été mis en évidence par Ader, Philips,
Lilienthal, Bousson et leurs émules. Lilienthal établit que
la courbure la plus avantageuse était celle dont la flèche
était environ la moitié de la corde ; mais dans des essais
ultérieurs, faits sur des modèles de grandes dimensions, il
obtint de meilleurs résultats avec une courbure dont la
flèche ne dépassait pas un dix-huitième à un vingtième de
la corde.

M. R. Soreau a montré qu'à une surface légèrement con-

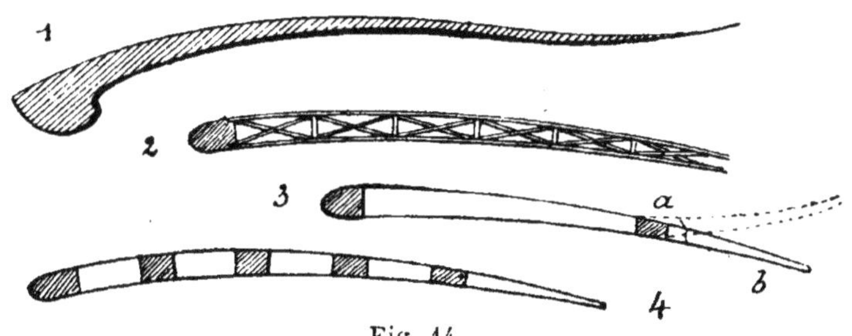

Fig. 14.

1. Coupe théorique d'une aile, d'après Goupil. — 2. Coupe d'une aile
dans un monoplan « Antoinette ». — 3. Courbe d'une aile Wright,
articulée en a. — 4. Coupe d'une aile de biplan.

cave, correspond une surface plane plus grande, qui lui est
liée d'une façon rigide, et, telle que, dans la limite des
inclinaisons admises pour les aéroplanes, la surface concave produit les mêmes composantes de sustention et de
résistance à la pression que la surface plane, la concavité
introduisant en outre une contre-résistance à l'avancement,
indépendante de l'inclinaison et proportionnelle au carré de
la vitesse. Inversement la concavité permet de substituer à
une voilure plane, une voilure de moindre surface, tout en
diminuant la résistance à l'avancement de l'aéroplane.
L'existence de la contre-résistance a été prouvée expéri-
mentalement par M. Goupil, en 1905. Les docteurs Finzi et

Soldati, faisant des recherches sur la résistance des sphères et des corps en forme de torpille, ont également décelé la contre-résistance. Ils montrèrent qu'une surface en forme de torpille, placée la pointe en avant, subit une certaine résistance, mais que, placée inversement, la résistance totale est négative.

Plus récemment, M. Kaptein, en Hollande a exécuté une série de mesures sur la résistance de corps obtus à l'avant, aigus à l'arrière et montré, à l'aide d'un détecteur de son invention, que la résistance sur une surface cylindrique, exposée à un courant d'air normal à son grand axe, est négative à partir de 65 degrés de part et d'autre du plan parallèle à la direction du courant d'air et passant par le grand axe du cylindre.

En poussant plus loin ses recherches et en admettant à l'expérience une surface à grandes concavités à l'avant, semblable donc à une aile d'oiseau, l'expérimentateur a retrouvé la résistance négative déjà décelée pour le cylindre.

Quelles sont les variantes des courbures des ailes dans les divers types d'aéroplanes?

Les comparaisons établies entre les divers modèles d'aéroplanes en usage mettent en lumière l'importance réelle que présente le plus ou moins de courbure des surfaces de sustention. Voici quelques chiffres à ce sujet :

Wright. — Longueur de la corde : 1.960 millimètres; courbure : cercle de 3.600 millimètres de rayon, quoique prolongé vers l'arrière par une tangente de 600 millimètres; flèche maximum 92 millimètres; angle de la tangente arrière avec la corde 7 degrés; angle de la tangente au bord d'attaque avec la corde 13 degrés.

Voisin. — Nous retrouvons les mêmes angles de 7 degrés et 13 degrés pour une largeur d'aile de 2.000 millimètres, et une flèche maximum de 100 millimètres aux quatre dixièmes.

Antoinette. — La surface portante est déterminée par deux cercles de rayon 12.500 et 4.300 millimètres dans la partie de l'aile la plus large (3 mètres) et 12 500 millimètres et 3 300 millimètres dans la partie la moins large (2 mètres). Dans la première partie la flèche est de 100 millimètres (aux cinq dixièmes et dans la seconde de 50 millimètres (aux cinq dixièmes); l'angle de la concavité de l'aile avec la corde n'est que de 4 degrés.

Blériot. — Dans le type XI la concavité de l'aile est formée par deux cercles, l'un (à l'avant) ayant 1.500 millimètres de rayon, l'autre, jusqu'à l'arrière, ayant un rayon de 7.000 millimètres. La largeur de l'aile est de 2.000 millimètres; l'angle de la tangente avec la corde est de 12 degrés à l'arrière et de 26 degrés à l'avant.

Rien que la diversité de toutes ces données pourrait montrer combien on est un peu — jusqu'à présent — livré au hasard et il serait bon, dans l'intérêt de l'industrie aéronautique, que des techniciens puissent fournir, par des expériences précises, quelques données sérieuses mettant en relation les profils et les qualités sustentatrices pour des surfaces, des vitesses et des angles d'attaque égaux. M. Marcel Armengaud a prouvé théoriquement, et l'expérience lui donne du reste raison, qu'une surface sustentatrice concave est *bonne* si l'angle de la tangente à l'arrière avec la corde est très petit, et si l'angle semblable à l'avant est plus grand.

Le docteur Amans a dit, justement, que la nature devrait servir de guide aux inventeurs qui éviteraient ainsi de gaspiller en essais inutiles et infructueux un temps précieux. La surface du Blériot, à profil court et gros bout à l'avant, est déjà une imitation lointaine de la nature; le profil

« Antoinette » à flèche variable en est une autre; mais d'autres enseignements pourraient être encore fournis par une observation attentive des oiseaux. Jusqu'à présent les constructeurs se sont peu préoccupés de la concavité présentée par les ailes; ils se sont évertués à éviter les remous sans chercher à les utiliser pour diminuer la composante tangentielle résistante de la pression supportée par la surface. Il est possible cependant d'améliorer le rendement d'une surface ayant un profil donné en augmentant l'action provenant du frottement occasionné par les remous, se dirigeant dans un sens donné. On arrive ainsi, comme l'a montré le capitaine Etévé, à des formes d'ailes nouvelles, et l'ingénieur allemand Ursinus s'est inspiré de ces idées pour la construction des ailes de son monoplan.

Quoi qu'il en soit de ce point spécial, on peut dire que l'aire des surfaces d'un aéroplane est fonction du poids et de la vitesse. Plus l'appareil volera vite, plus le poids soulevé sera grand, par suite de la proportionnalité de la force sustentatrice au carré de la vitesse de translation. Un aéroplane de surface double de celle d'un autre soulèvera, s'ils volent à la même vitesse tous les deux, un poids double de l'autre, tandis que si les deux appareils ont la même surface, celui qui filera à une vitesse double transportera un poids *quatre fois* plus grand. D'autres lois, plus ou moins définitivement établies à l'heure actuelle, régissent le déplacement des surfaces planes ou arquées dans l'air, et c'est par leur étude que l'inventeur pourra arriver à déterminer les dimensions d'un appareil d'un nouveau type. Ces dimensions indiquées par feu le colonel Renard, par Drzewicki, Soreau, Wegner van Dallwitz, etc., sont purement quantitatives. L'expérience et les données fondamentales établies par ces précurseurs, guideront ensuite le constructeur dans la détermination de la forme définitive à donner aux surfaces, la puissance à donner au moteur, l'emplacement du propulseur, en un mot dans l'établissement des caractéristiques qualitatives de l'aéroplane.

Quelles sont les conditions à observer pour réaliser la stabilité dans les aéroplanes?

En premier lieu, il faut considérer les relations de positions des forces développées pendant le déplacement de l'aéroplane, afin que le système se trouve non seulement en équilibre dans l'air, mais en équilibre stable. En ce qui concerne la stabilité longitudinale, l'équilibre dynamique existe lorsque le centre de gravité et le centre de pression se trouvent sur une même verticale. L'aéroplane monté formant un ensemble rigide, le centre de gravité est fixe. Par contre, le centre de pression varie avec l'inclinaison de la surface sustentatrice, et ces variations pourraient être très considérables si la voilure était sensiblement carrée. Avanzini le premier avait observé ce phénomène sans en donner la loi, et on ne possède encore à ce sujet que la formule indiquée par Joessel en 1870, et qui s'applique au déplacement d'un plan oblique dans l'eau et non dans l'air, ce qui la vicie en son point de départ. Kummer et le professeur Langley ont cherché à établir pour l'air une formule analogue à celle de Joessel, pour établir l'emplacement du centre de pression, suivant l'obliquité du plan, ce centre se rapprochant ou s'éloignant plus ou moins du bord d'attaque selon que l'inclinaison du plan sur l'horizontale est plus ou moins accentuée. Ce déplacement du centre de pression crée un couple de rappel déterminant des oscillations d'amplitude variable que le pilote de la machine doit atténuer et corriger dans le sens convenable, d'autant plus que les irrégularités du vent viennent compliquer les choses.

En effet, l'air n'est point un fluide entraîné au-dessus du sol d'un mouvement uniforme, il est le siège, tout au moins près de terre, de remous violents amenant des embardées du navire aérien, embardées qui donnent naissance à une série de couples dont les effets, s'ajoutant les uns au autres, peuvent amener des mouvements de tangage dangereux pour la sécurité des passagers et compromettants pour la sûreté de l'appareil. L'amplitude des oscillations doit donc être réduite autant que cela est possible, tout en maintenant un couple de rappel suffisamment énergique, et ce résultat peut être obtenu en donnant à l'aéroplane une forme telle que les déplacements longitudinaux du centre de pression soient le plus restreints possible, et en plaçant ce centre à une distance assez grande au-dessous du centre de gravité. C'est ce qui se produit chez l'oiseau, grâce à la forme allongée de ses ailes et à l'allègement des parties supérieures du corps. La distance entre le centre de gravité et le centre de pression est faible, mais l'animal obvie avantageusement à la petitesse du couple de rappel en modifiant sa voilure, en avançant ou en reculant plus ou moins les pointes des rémiges palmaires de façon à corriger à mesure qu'ils se produisent les déplacements du centre de pression. Cette action, à la fois simple et instinctive, contribue à assurer la stabilité longitudinale tout en épargnant au volateur les oscillations qui résulteraient de l'existence d'un couple de rappel plus énergique. Mais on comprend qu'il est difficile à un aéroplane de grandes dimensions de recourir à de semblables procédés. Son centre de gravité doit être proportionnellement plus éloigné de son centre de pression que dans le corps de l'oiseau; il faut cependant limiter les trop grandes variations de ce centre, et c'est pourquoi les aviateurs ont adopté d'une manière à peu près générale une forme de voilure plus étendue dans le sens transversal que dans celui de la longueur. L'expérience a montré que la réaction était beaucoup plus forte qu'avec une voilure carrée ou plus allongée dans le sens de l'avan-

cement que dans l'autre Ainsi, un plan présentant une longueur double ou triple de sa largeur éprouve à se mouvoir
dans l'air une résistance qui varie à peu près du simple au
double, selon qu'on le fait progresser par l'un de ses côtés

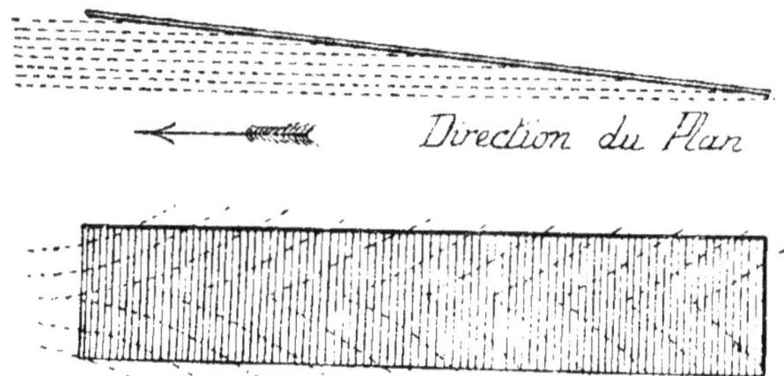

Fig. 15. — Plan progressant son bord le plus étroit en avant,
dans la direction de la flèche.

étroits ou, au contraire, par l'un de ses bords larges, et qui
augmente d'autant plus que la différence est plus grande

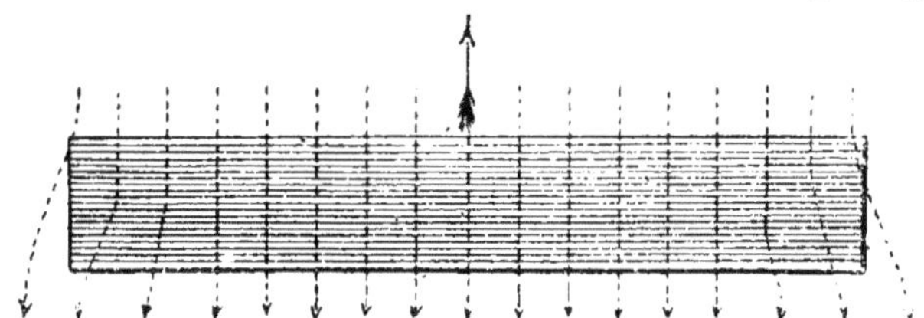

Fig. 16. — Plan progressant son bord le plus large en avant,
dans la direction de la flèche.

entre la longueur et la largeur du plan. M. Tatin a expliqué
comme suit la raison de ce phénomène :

« Lorsque le plan progresse, l'un de ses bords les plus
étroits en avant, les filets d'air rencontrés ne se pressent
pas sous le plan jusqu'à son extrémité arrière, mais sont
plutôt écartés et aussitôt rejetés latéralement sans que la
surface en action ait éprouvé toute la résistance que ces

filets pouvaient lui offrir, tandis que, pendant le déplacement, le bord le plus large en avant, les filets d'air ne peuvent s'échapper, retenus qu'ils sont par leurs voisins immédiats ; une petite partie seulement peut s'échapper près des bords étroits latéraux, et ainsi la résistance qu'ils offrent, peut être beaucoup mieux utilisée. Les plans sustenteurs doivent donc être disposés en travers du sens où s'opère la marche (fig. 15 et 16). »

Si l'on arrive maintenant à la question de la stabilité transversale, on peut rappeler que l'on a généralement

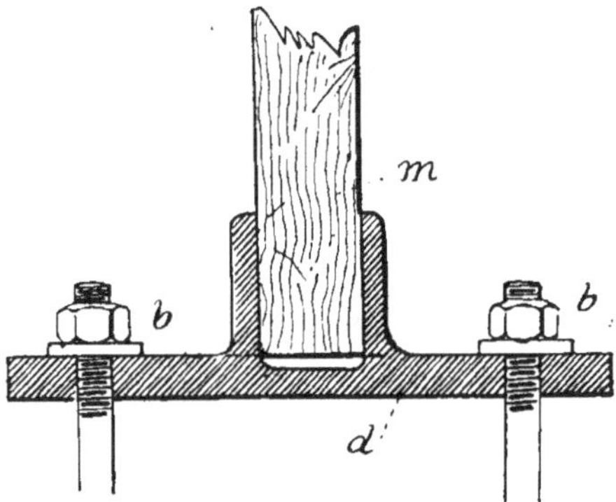

Fig. 17. — Montant sur rondelle en aluminium, à godet.

abandonné l'agencement des plans en angle dièdre à arête tournée vers le sol, et que l'on a recouru plutôt à des surfaces verticales coupant en plusieurs cellules les plans superposés des appareils multiplans. Mais cette disposition présente l'inconvénient de créer des résistances additionnelles, aussi a-t-elle été supprimée pour être remplacée par les gouvernails placés très en arrière des plans sustenteurs. Le tangage (balancement d'avant en arrière) est presque entièrement annihilé de même que le roulis (oscillations transversales) ; tout danger de chavirement disparaît et la course de l'aéroplane dans l'espace est absolument rendue rectiligne si l'emplacement des plans arrière est convenablement choisi à la distance voulue des plans sustenteurs.

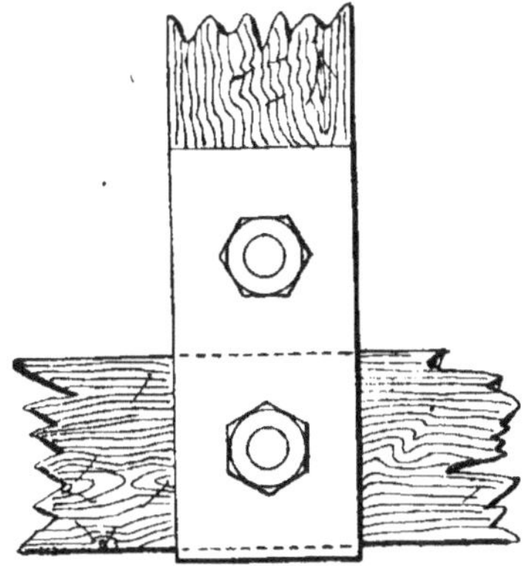

Fig. 18. — Assemblage par écrous.

Quels sont les matériaux entrant dans la construction des monoplans?

Les procédés de construction varient suivant chaque système d'aéroplane, mais c'est surtout l'agencement des ailes qui diffère, selon qu'il s'agit de monoplans ou de biplans. Les ailes d'un monoplan ne sont pas entretoisées, comme c'est le cas pour les appareils à plans superposés. Blériot, les types *Antoinette*, de Pischof, Nieuport, Henriot, etc., les font entièrement en bois à la façon des ailes de biplans et en obtiennent de bons résultats, mais ces ailes se brisent facilement sous l'effet des chocs. C'est pourquoi MM. Esnault-Pelterie en France et Jatho en Allemagne, construisent les carcasses des plans en tubes d'acier de différentes grosseurs, ces tubes étant réunis entre eux à la soudure autogène; on obtient ainsi une bien plus grande solidité.

En raison des qualités simultanées de solidité et de légèreté que les machines volantes, ou plutôt *glissantes*, doivent posséder, il est nécessaire de n'employer dans leur construction que des matériaux de première qualité. Les métaux ne doivent présenter ni pailles ni soufflures ; les bois peuvent appartenir à des essences variées suivant le mode de travail de la pièce qu'ils doivent constituer ; on recourt plus ordinairement au frêne, au sapin et à l'hickory, qui peuvent être débités, courbés, contournés suivant le profil que l'on veut donner à la pièce que l'on veut fabriquer.

La construction d'un monoplan se divise, dans la pratique, en plusieurs opérations bien distinctes, mais avant tout il est nécessaire de préparer un bâti sur lequel se montent les roues indispensables pour le lancement et l'atterrissage, puis les ailes, le moteur, les commandes, le siège du pilote, les plans stabilisateurs, etc. Pour mener le travail à bonne fin, on commence par construire le *châssis porteur*, pourvu de roues ou de patins, puis, sur le châssis, on monte le fuselage dans lequel le moteur doit trouver place.

Comment fabrique-t-on un châssis de monoplan ?

Les aéroplanes, a écrit M. F.-R. Petit dans un intéressant article, sont munis de roues qui leur permettent d'atteindre, grâce à la traction de leur hélice, la vitesse leur permettant de quitter le sol pour s'envoler. Tous les monoplans sont munis de châssis à roues de types variés que nous allons décrire.

Le problème consiste en la recherche d'un système léger, solide, orientable dans un espace angulaire assez grand, et souple. Il est résolu de façon générale par l'emploi de triangles articulés ou non, portant les roues et pouvant glisser dans des tiges. Des ressorts sont disposés, qui empêchent le choc. Les figures montrent comment sont réalisées ces suspensions. Nous décrirons ici quelques dispositifs des suspensions réalisées. Il est bien entendu qu'un type quelconque convient aussi bien à l'un qu'à l'autre des aéroplanes.

Dans l'aéroplane Voisin, la suspension est réalisée (fig. 19) par un tube très fort T fixé à l'appareil lui-même et solidement maintenu par des *arcs-boutants* et des *entretoises* en corde à piano tendues par des *tendeurs*. Un arrêt *a* maintient l'ex-

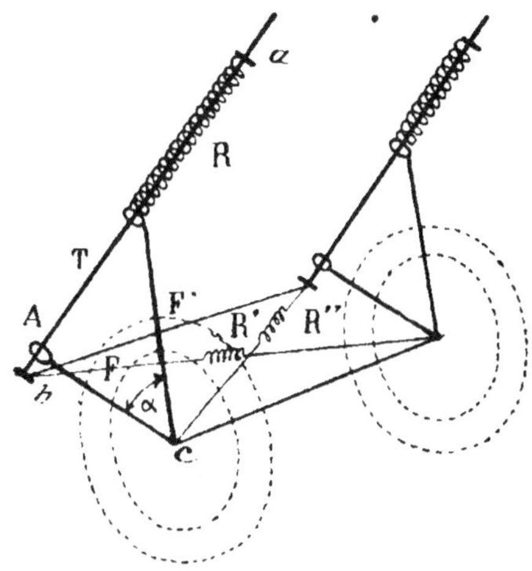

Fig. 19.

trémité d'un ressort à boudin R enfilé dans le tube d'acier. Par-dessus le ressort sont engagés les *anneaux* A et B de deux *fourches* F et F' dont les *pinces* se rejoignent en *c*, centre de la roue. Un second arrêt *b* maintient les fourches dans le tube. L'angle α est fixe. On voit dès lors que, si l'aéroplane choque brusquement le sol, l'ensemble A B c va subir une translation suivant A B, et le ressort va agir.

D'autre part, le cadre A B c peut s'orienter dans tous les sens autour de A B comme axe. Mais, comme il est inutile que les roues prennent de trop grands décalages, on réduit la facilité avec laquelle ceux-ci s'opèrent en réunissant les moyeux par une tige aux extrémités articulées et en plaçant, suivant les diagonales, des cordes à piano dans lesquelles sont intercalés des ressorts R′ et R″.

La suspension Blériot (fig. 20) est assez différente de la précédente. Elle se compose de deux fourches *t* et *t′* réunies en C, centre de la roue, et dont les *têtes* sont articulées, la première, *t*, sur une sorte d'anneau *a* pouvant glisser le long d'un guide en tube d'acier T fixé au fuselage; l'autre fourche, est articulée en *a* à l'extrémité de T.

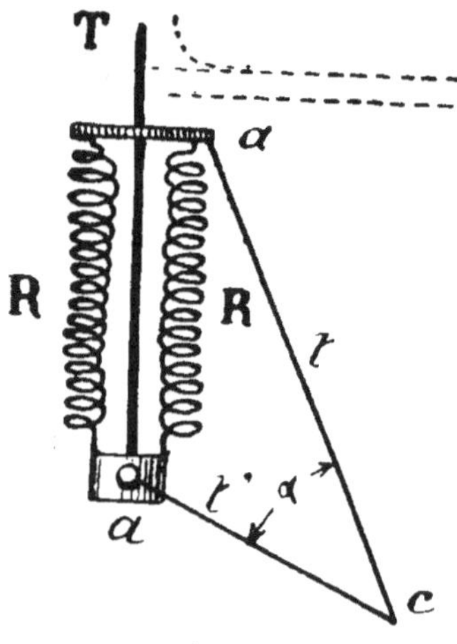

Fig. 20.

Des ressorts R R réunissent les deux parties. Ils sont constitués par des lanières de caoutchouc en grand nombre. L'angle α est variable, contrairement à ce qui se passe dans le châssis des frères Voisin. C'est pourquoi on a donné à la suspension de Blériot le nom de *triangle articulé*. On comprend aisément le fonctionnement.. Le choc contre la roue tend à rapprocher celle-ci du fuselage, ce qui se traduit par une traction de *a* sur les ressorts qui agissent très efficacement.

Un genre de suspension excellent pour les monoplans est celui qui a été imaginé par les frères Bonnet-Labranche et dont la simplicité permet une construction très solide. Elle

se compose d'une tige T, articulée en *a* et supportant en C
la roue; l'extrémité est attachée à un ressort à boudin R fixé
au fuselage La souplesse de cet agencement est très remarquable (fig. 21).

Les châssis d'aéroplanes type R. E. P. sont fabriqués
d'après la méthode adoptée pour la fabrication des cadres
de bicyclettes ou de motocyclettes. C'est-à-dire que, pour
réunir les tubes d'acier, on les enferme dans des manchons

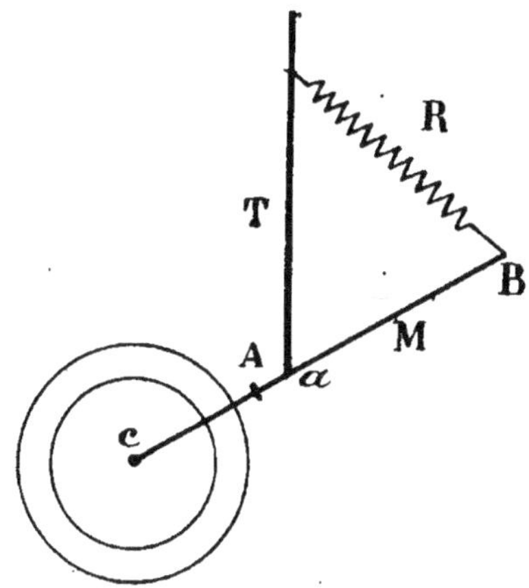

Fig. 21.

pris dans la masse, au tour, et on les y brase. Pour avoir
une solidité inébranlable, les jonctions sont fréquemment
exécutées à la soudure autogène, et cette méthode tend même
à se généraliser.

Dans certains cas, la suspension n'est pas exclusivement
composée de tubes d'acier et comporte des pièces de bois;
on fait alors usage d'hickory dont la solidité est très considérable. On évite autant.que possible de percer ces pièces
pour y passer des boulons, et il est préférable d'opérer les
assemblages au moyen de colliers de serrage et de chapes.
De cette façon les pièces réunies, au lieu de se trouver affai-

blies, sont renforcées; leur section étant **conservée dans** toute son intégrité.

Les roues des aéroplanes ne doivent pas être de simples roues de motocyclette; mais des roues spécialement établies pour ce genre de machines, et possédant des rayons de très fort diamètre capables de résister sans rupture ni déformation aux chocs violents que subit l'appareil lors de son retour au sol et de sa prise de contact à l'atterrissage.

Comment est disposé le fuselage?

On donne le nom de *fuselage* à la partie montée sur les roues et qui sert de support au moteur et aux ailes. Il doit être aménagé dans ce but et présenter les garanties de solidité appropriées. Les biplans ne sont pas tous munis de fuselage, mais les monoplans le sont tous.

Un fuselage se compose de 4 grands longerons, ou de 3, suivant que l'on a choisi le type quadrangulaire ou le type triangulaire, réunis entre eux par des entretoises en bois, les cadres étant maintenus immobiles par des tendeurs.

C'est une poutre composée, dont la construction est basée sur les mêmes principes que celle des tabliers de pont ou des fermes métalliques.

Les fuselages de monoplans sont construits soit en bois, soit en métal, mais le second procédé est rarement employé. (L'aéroplane R. E. P. l'a cependant adopté.)

Un fuselage en bois offre, en effet, des avantages nombreux, tels que la facilité de construction, la légèreté, la rigidité. Il se prête assez bien au montage des moteurs et peut être construit sous de très faibles sections, relativement à la longueur.

Quand on y monte les moteurs, il faut, en général, remplacer certains morceaux par des pièces en tôle d'acier emboutie qui résiste mieux aux chocs.

Les fuselages sont construits de différentes façons, suivant les constructeurs. Le meilleur procédé consiste à poser les longerons sur des gabarits et à entretoiser ensuite. Beaucoup préfèrent confectionner séparément, dans le cas de sections carrées, rectangulaires ou trapézoïdales, les deux plans supérieur et inférieur, et y fixer des godets en aluminium dans lesquels s'engagent les extrémités de montants qui servent d'entretoises. Pour réunir entre eux les bouts terminaux des bois, on se sert, soit de petites plaques d'aluminium clouées, comme le font les ateliers *Antoinette*, soit de petites vis ou pointes (semences de tapissier), soit enfin du procédé Ader-Espinoza, lequel consiste à encoller les assemblages.

Le fuselage une fois monté sur le chariot, on met à la place déterminée par le calcul, le moteur choisi. Cette opération exige beaucoup de soins et doit être exécutée par de bons ouvriers monteurs.

Comment sont disposées les ailes ?

Les ailes sont constituées, en général, par des bras rigides fixés au fuselage et supportant des nervures en bois. Ces nervures forment la surface sur laquelle est tendue la toile.

Les *bras* sont souvent formés d'un tube d'acier très fort ou de plusieurs longerons en bois profilé. Mais le premier procédé est plus souvent adopté. Mécaniquement, il est préférable ; mais, en pratique, il vaudrait mieux prendre le bois, dont le choix et le nombre de morceaux écartent les chances de ruptures brusques, ce qui, dans le cas de tubes d'acier, est difficile, sinon impossible à prévoir, même par des essais répétés.

Dans les aéroplanes *Antoinette*, les ailes sont formées de charpentes très fines et composées d'un grand nombre de petites entretoises. De cette façon l'aile forme une charpente indéformable qui ne souffre aucunement du bris d'une pièce, momentanément.

Quand les ailes sont fixées sur le fuselage, on les conso-
lide par des haubans qui empêchent les flexions verticales.
On place ensuite les commandes de gauchissement, d'ailerons, etc., puis on monte sur le fuselage les axes des plans
de direction, de montée et de descente.

C'est ici que l'on reconnaît le véritable avantage cons-
tructif du monoplan qui, une fois achevé, constitue un tout
bien rigide et capable, s'il est mené par un pilote qui le
connaît bien, de résister aux plus violentes lames d'air, à
cause de la rigidité inébranlable qui unit toutes les parties
et force l'ensemble à obéir immédiatement aux exigences
des plans directeurs.

Comment résumer la description d'un monoplan?

Au premier rang des aéroplanes les plus connus et ayant
fait leurs preuves, il convient de placer les modèles dus à la
patiente ténacité de l'ingénieur Blériot, dont le modèle XI a
triomphé dans la première traversée de la Manche, ainsi que
dans de nombreux meetings d'aviation et voyages au-dessus
des campagnes. La silhouette de ces monoplans est univer-
sellement connue et il est inutile de décrire l'aspect général
qu'ils présentent : il suffit de dire qu'avec le Deperdussin
ils constituent les deux aéroplanes qui se rapprochent le
plus, pendant le vol, de l'apparence d'un formidable oiseau
planant.

Le Blériot XI, désigné aussi sous le nom de « type
Channel », est constitué par un fuselage en bois occupant
toute la longueur de l'appareil. Sur ce fuselage viennent se
fixer les ailes, la suspension, les gouvernails de profondeur
et de direction; de cette façon, les diverses parties de l'aéroplane constituent un tout rigide dont tous les mouvements
peuvent être subordonnés à la volonté du pilote. Le fuselage,
qui reçoit le moteur et sur lequel les ailes sont fixées à droite
et à gauche, est du type que nous avons décrit dans l'avant-

dernier paragraphe. Toutefois, au lieu de présenter une section de forme triangulaire, comme dans le type *Antoinette* ou trapézoïdal comme dans le Bonnet-Labranche, sa section est carrée sur toute la longueur; il forme donc une poutre armée composée de quatre longerons, un à chaque angle, mais cette poutre est beaucoup moins large à l'arrière qu'à

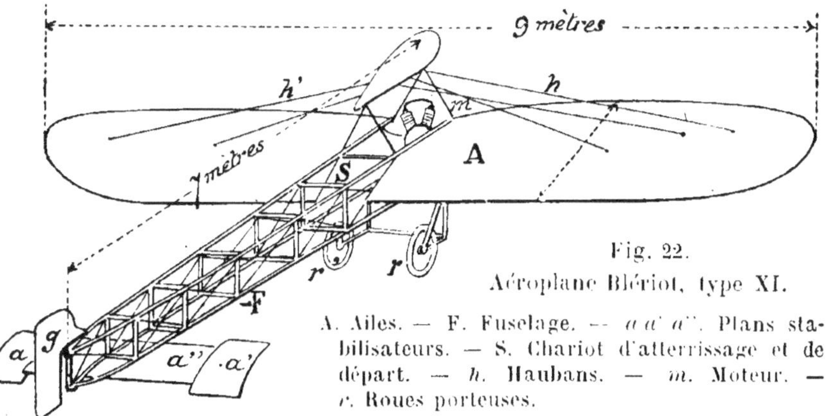

Fig. 22.

Aéroplane Blériot, type XI.

A. Ailes. — F. Fuselage. — a a' a". Plans stabilisateurs. — S. Chariot d'atterrissage et de départ. — h. Haubans. — m. Moteur. — r. Roues porteuses.

l'avant, cette forme étant exigée pour le logement du moteur, des ailes, du siège du pilote. etc. L'arrière n'a besoin d'ailleurs que d'une faible largeur qui conserve à la section droite du fuselage un moment d'inertie lui permettant de résister à l'effort d'un couple que forme autour du centre de sustention le gouvernail stabilisateur d'arrière. Aussi les quatre longerons du fuselage se recourbent-ils parallèlement deux à deux pour venir se fixer sur un petit montant vertical maintenant solidement l'ensemble. Dans les monoplans Blériot les bois ne sont pas assemblés suivant la manière classique consistant en l'usage de godets ou de plaques en aluminium; les morceaux à réunir sont soigneusement dressés sur les faces en contact et percés de trous dans lesquels on introduit des brides formées de petites barrettes d'acier étiré, filetées à leur extrémité. De cette manière, en disposant convenablement ces brides, on arrive à avoir un ensemble qui peut se serrer au moyen de petits écrous; des œillets sont ménagés pour l'attache des fils tendeurs.

Ce procédé de jonction présente une très grande solidité, témoignée par les épreuves qui ont été imposées à cette construction, qui ne se rompt que sous une charge de 300 kilogrammes placée à son milieu, la pièce n'étant soutenue qu'à ses deux extrémités. Les longerons et les entretoises seuls sont brisés sous cette charge, et cependant le fuselage Blériot ne pèse que 3 kilogrammes par mètre courant.

Dans les modèles XII et XIII, la forme du fuselage est différente, mais la rigidité et l'élasticité sont les mêmes.

Les montants verticaux qui réunissent les longerons sont au nombre de dix; le siège du pilote est placé entre le troisième et le quatrième. Un léger plancher est posé sur le plan inférieur et reçoit la *cloche de direction* qui commande les différents organes de manœuvre. La distance de l'avant au pilote est à peu près égale à la largeur des ailes, de sorte que le pilote peut apercevoir le sol au-dessous de lui.

Comment les ailes sont-elles agencées dans les monoplans Blériot?

On conçoit que le moyen de fixer les ailes après un fuselage de cette forme ne doit pas être des plus faciles. Cependant l'inventeur a imaginé une disposition très simple, offrant des garanties incontestables de résistance aux chocs et permettant le démontage rapide des ailes. Celles-ci, formées d'une charpente en bois, comme dans la plupart des systèmes d'aéroplanes actuels, portent des nervures sur lesquelles on colle la toile, et pour assurer à celles-ci une parfaite rigidité, on renforce le cadre en lui donnant à l'avant et à l'arrière, des bords suffisamment épais.

Les ailes sont fabriquées de la manière suivante : deux longerons transversaux, perpendiculaires au fuselage, s'étendent depuis celui-ci jusqu'aux extrémités, et ils sont réunis l'un à l'autre par les nervures qui offrent une courbure concave étudiée dans le but de fournir une bonne utilisation de la puissance du moteur. Le bord de l'aile est constitué par une pièce de bois offrant une section triangulaire mince sur laquelle se colle aisément la toile caoutchoutée. Cette ceinture de bois est assez difficile à construire en raison de sa courbure très accentuée; on y parvient cependant en chauffant fortement le bois et en le mouillant en même temps. Cette disposition a l'inconvénient d'exiger le remplacement de l'entoilage lorsque cette ceinture est brisée.

La première nervure, celle qui est contre le fuselage, est faite de manière à être beaucoup plus solide que les autres. Elle est taillée en plein bois et laisse dépasser l'extrémité des longerons de 20 à 35 centimètres, ces extrémités venant ensuite se loger dans les trous d'un bâti fixé après le fuselage. Les ailes sont ensuite définitivement immobilisées par des haubans reliés, d'une part aux longerons, d'autre part à deux mâtereaux dépassant au-dessus et au-dessous du fuselage. Quelquefois aussi les extrémités des longerons sont engagées dans un tube d'acier rattaché au fuselage; cette disposition se rencontre même fréquemment.

Le châssis de l'aéroplane Blériot se compose de deux roues à l'avant et d'une roue à l'arrière. Cette dernière n'a à supporter qu'un effort insignifiant, puisque, lorsque l'appareil roule sur le sol, la vitesse fait que le gouvernail d'arrière se soulève aussitôt, de sorte que l'aéroplane ne roule en réalité que sur ses deux roues d'avant. C'est donc pour cette position qu'est réglée l'obliquité des ailes par rapport au fuselage.

Quelles sont les dispositions mécaniques de commande employées dans le Blériot?

Les diverses manœuvres exécutées par le pilote sont

transmises aux organes de l'appareil par un dispositif particulier de commande, qui présente une réelle originalité et caractérise le système Blériot. Ce dispositif (fig. 23) consiste en une cloche hémisphérique supportée par un arbre central articulé sur un point ménagé sous la cloche

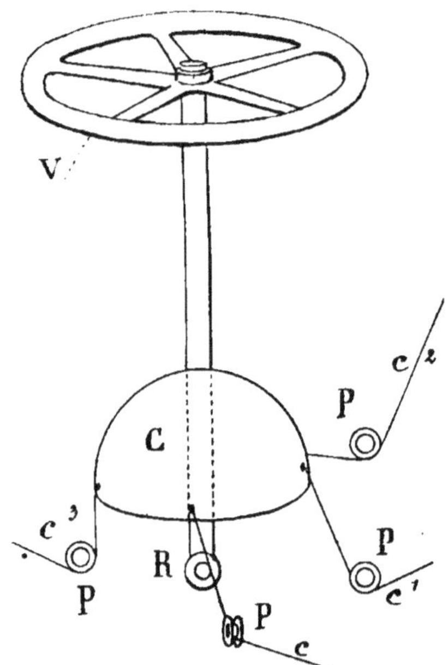

Fig. 23. — Cloche de commande du Blériot.

et qui est relié au fuselage. Cet arbre vertical porte un volant de manœuvre à son extrémité supérieure. Aux bords de la cloche sont attachés quatre câbles souples, qui, par de petites poulies fixées aux différents points du parcours, se rendent aux organes à commander. On comprend immédiatement le fonctionnement de la commande. Que l'on incline le volant vers la gauche ; le câble fixé à la droite de la cloche va être le siège d'une traction qui se communiquera à l'organe à commander. De même dans les sens avant et arrière. Ainsi, les câbles fixés à la droite et à la gauche commandent les ailerons, tandis que ceux de l'avant et de l'arrière commandent le gauchissement des ailes. Nous allons voir quels sont ces ailerons.

Le gouvernail de direction (fig. 24) est constitué par un plan vertical qui peut se mouvoir autour d'un axe dont les points d'appui sont constitués par la petite poutre verticale qui termine le fuselage à l'arrière. Le plan se continue

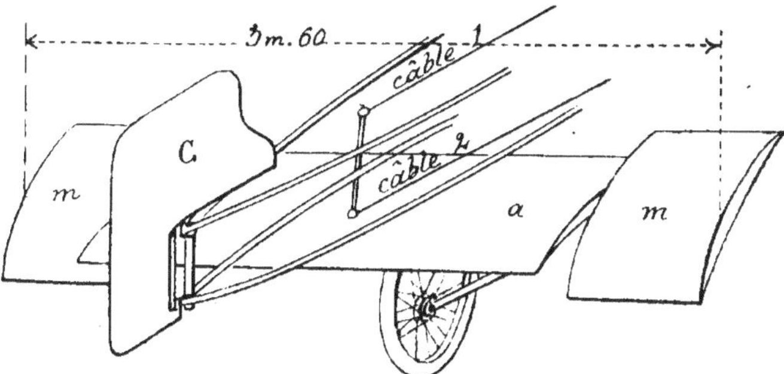

Fig. 24. — Arrière du Blériot.

au-dessus du fuselage, de sorte que c'est dans une échancrure que se trouve placé ce dernier.

Un peu à l'avant du gouvernail de direction, se trouve le gouvernail de profondeur qui sert à faire varier l'altitude de l'aéroplane par son action sur l'incidence des ailes porteuses. Il se compose d'un plan horizontal fixe portant à ses extrémités deux ailerons solidaires d'un axe qui court dans toute la largeur et est lui-même solidaire d'un montant traversant le plan de part et d'autre. L'une des extrémités du montant est attachée à un des fils de la cloche, tandis que l'autre est attachée au fil diamétralement opposé. On comprend que le mouvement de celle-ci, suivant le sens adopté, fera augmenter l'incidence des ailerons ou la fera diminuer, d'où résultera le couple qui fait varier l'*attaque* des ailes et, par suite, monter ou descendre l'aéroplane. Le gauchissement des ailes n'offre rien de particulier. Il agit dans les mêmes conditions que dans la plupart des appareils connus. On voit avec quelle facilité peut se manier l'aéroplane de Blériot. Il est muni d'un moteur Anzani, en général, de 50 à 60 HP. C'est avec ce monoplan que fut traversée la Manche.

Le *Blériot XII* ne diffère du n° *XI* que dans ses grandes lignes. Les procédés de construction des détails sont exactement les mêmes.

Le pilote, cette fois, est placé au-dessous des ailes, ainsi que le moteur, dont la puissance est transmise à l'hélice au moyen d'une chaîne. L'avantage du *Blériot XII* réside en la position assez basse du centre de gravité, ce qui assure une stabilité altérale inébranlable, mais, par contre, une tendance à la dérive dans les virages. Il est facile de se rendre compte du phénomène par une décomposition géométrique des forces en jeu pendant le virage : la sustention, égale au poids de l'appareil ; et la force centrifuge $\dfrac{m\,V^2}{R}$, proportionnelle au carré de la vitesse, et inversement proportionnelle au rayon du virage.

Quels sont les divers types de monoplans actuellement en usage ?

Plusieurs types nouveaux de monoplans ont été créés au cours de l'année 1910 et ont montré de réelles qualités de vitesse, de puissance et de stabilité. Tels sont les modèles de Pischof, Nieuport, Deperdussin, Esnault-Pelterie et Henriot, dont nous parlerons ici.

Le monoplan **Pischof**, construit par les établissements « Autoplan » à Paris, comporte un grand plan porteur supporté par un châssis à deux roues. L'hélice se trouve à l'arrière. Un fuselage, à l'extrémité duquel sont fixés les plans stabilisateurs et les gouvernails, est rattaché au plan porteur. Le moteur est disposé assez bas et porté par un châssis analogue à un châssis d'automobile. Le pilote et le passager sont confortablement assis derrière le moteur, absolument comme dans une carrosserie de voiture. Mais le point caractéristique de l'appareil réside dans la méthode de liaison du fuselage arrière à la partie antérieure de l'aéroplane.

Dans les biplans, cette liaison est opérée au moyen de quatre barres de châssis assez éloignées l'une de l'autre et entre lesquelles tourne l'hélice. Comme le montre la figure 25,

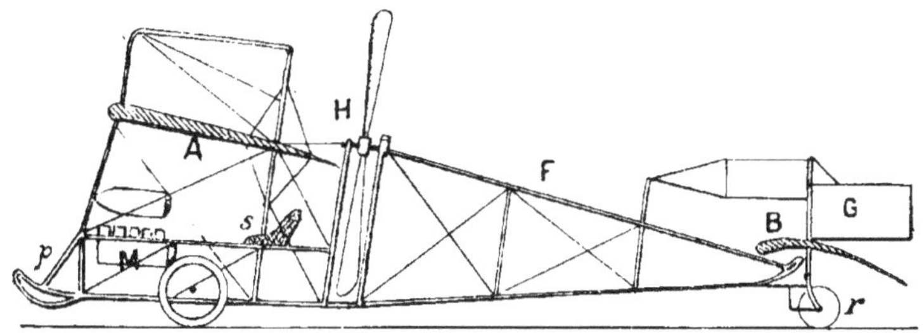

Fig. 25. — Monoplan de Pischof.

A. Ailes de sustention. — B. Plans stabilisateurs. — E. Fuselage. — G. Gouvernail de direction. — H. Hélice. — M. Moteur. — s. Siège de l'aviateur. — r. Chariot d'arrière.

dans le monoplan Pischof, le fuselage est attaché au plan avant à travers l'hélice. L'arbre de celle-ci est fixé et solidement attaché, d'un côté au châssis avant, de l'autre au fuselage arrière. L'hélice, démultipliée, tourne autour de cet arbre fixé sur des roulements à billes. Le fuselage a donc, à proximité de l'hélice, une section triangulaire. Un peu plus loin, cette section change, pour permettre d'adapter facilement le plan stabilisateur arrière ainsi que les gouvernails. L'arbre du moteur se prolonge entre les sièges des aviateurs, et à son extrémité il porte une roue dentée à chaîne qui actionne directement la roue dentée se trouvant sur le manchon qui porte l'hélice. Sur l'arbre prolongé du moteur, il y a, comme dans les automobiles, un embrayage à friction très énergique et un cardan qui a pour effet de compenser es irrégularités provenant des flexions du châssis. Le moteur se met en marche, absolument comme dans une automobile, au moyen de la manivelle avant. Le pilote peut donc mettre son moteur en marche lui-même et ensuite prendre place confortablement dans son siège. Lorsqu'il juge le moment venu de partir, il embraye l'hélice progressivement au moyen de l'accouplement. Plus besoin d'un mécanicien spécialement entraîné pour la mise en marche de l'hélice, et plus besoin non plus de 6 à 8 personnes pour retenir l'appareil jusqu'au moment où le pilote est prêt et crie le « lâchez tout! » traditionnel.

Le placement de l'hélice à l'arrière du plan sustenteur a de nombreux avantages que ne manqueront pas d'apprécier les aviateurs partisans du monoplan. Sans parler de la diminution de rendement qu'éprouve l'hélice placée à l'avant en soufflant contre les résistances nuisibles de l'appareil, telles que châssis, fuselage, moteur, l'aviateur est forcément incommodé par le vent de l'hélice presque toujours chargé d'huile.

Enfin, en cas d'atterrissage un peu brusque sur l'avant, l'hélice ne risque plus de s'endommager comme elle le fait souvent dans les monoplans actuels.

En cas de chute, le danger est moins grand d'être pris par les pales de l'hélice.

Comme on peut s'en rendre compte par la figure 26, l'appareil est de dimensions restreintes, ce qui lui donne, grâce aussi à la disposition du fuselage, une très grande rigidité. Il a 11 mètres d'envergure et 9 mètres dans sa plus grande longueur. La surface sustentatrice totale est de 27 mètres carrés. Le poids à vide est de 360 kilogrammes. Le plan stabilisateur arrière, dont l'inclinaison peut être variée à volonté pour donner à l'appareil l'équilibre longitudinal normal, porte à ses deux extrémités des ailerons servant de gouvernail de profondeur. Ces ailerons pivotent autour d'un tube en acier. La direction de l'appareil est obtenue au moyen de deux gouvernails verticaux se trouvant au-dessus du plan stabilisateur arrière.

Outre la solution heureuse donnée à la liaison entre le fuselage et le plan porteur, le point le plus important de cet appareil est, à notre avis, l'abaissement de son centre de gravité qui lui donne une stabilité latérale et longitudinale automatique des plus efficaces. De plus, un relèvement des

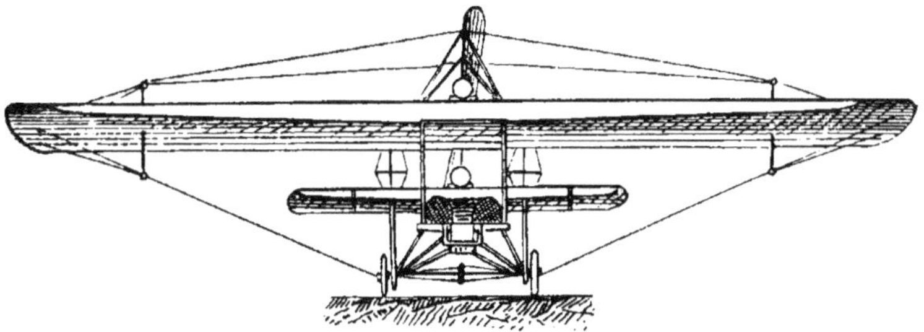

Fig. 26. — Monoplan de Pischof, vu par l'avant.

extrémités de l'aile principale, relèvement qui rappelle la forme de l'aile de certains oiseaux, procure à cet aéroplane un vol stable et régulier qui n'a jamais manqué de donner aux spectateurs l'impression de la sécurité la plus absolue.

Avec cet appareil, on peut faire des descentes en vol plané merveilleuses. En effet, l'hélice pouvant être découplée n'offre aucune résistance à l'avancement lors de la descente. Or, chacun sait que pour les belles descentes en vol plané, il faut que l'appareil avance assez vite. Si l'hélice reste accouplée, elle forme frein, devant entraîner avec elle le moteur, et pour peu que ce dernier oppose quelque résistance, l'hélice tourne difficilement. Si, par contre, elle est entièrement libre, elle tourne facilement et ne freine pas. D'autre part, le fait de l'abaissement du centre de gravité permet à l'aviateur de faire une descente en vol plané pour ainsi dire avec les mains dans les poches, absolument comme un aéronaute descendant en parachute.

Le monoplan de Pischof est à deux places, ainsi que nous l'avons dit ; le passager est assis à côté du pilote au lieu d'être placé derrière lui comme dans les autres modèles, et c'est là un avantage au point de vue des communications entre les deux hommes, ainsi qu'à celui de l'examen simultané de la carte et de la boussole. La vue de la région traversée par l'appareil dans son vol est très facilitée pour les deux aviateurs, et à ce point de vue, l'aéroplane Pischof semble pouvoir répondre aux desiderata d'un bon appareil militaire.

Dans les monoplans **Nieuport**, le châssis d'atterrissage est entièrement métallique ; la suspension est rendue élastique par un ressort transversal qui sert en même temps d'essieu à une paire de roues. Le peu de résistance à l'avancement que subit l'aéroplane lui assure une exceptionnelle facilité de planement. En cas d'arrêt subit du moteur, le Nieuport descend sous un angle beaucoup plus faible que les autres appareils à plan unique.

Les commandes s'opèrent comme suit dans le type 1911. Le gauchissement est obtenu par une commande au pied ; le gauchissement latéral est d'ailleurs presque automatique. La direction dans le sens de la profondeur est réalisée à l'aide de deux ailerons qui font suite à un plan fixe, et dans le sens horizontal au moyen d'un plan vertical disposé dans le prolongement du fuselage. Les deux gouvernails déterminant ces mouvements sont commandés par un seul et unique levier construit entièrement en laiton afin de n'occasionner aucun trouble dans les mouvements de l'aiguille aimantée de la boussole. L'ensemble présente une remarquable robustesse jointe à une très grande simplicité. Le type B à une place possède un moteur à deux cylindres horizontaux opposés, de 130×135 refroidis par l'air, ou un moteur Darracq 20 chevaux 130 × 120, à ailettes. Le type Nieuport IV G est muni d'un moteur « Gnome » de 50 chevaux.

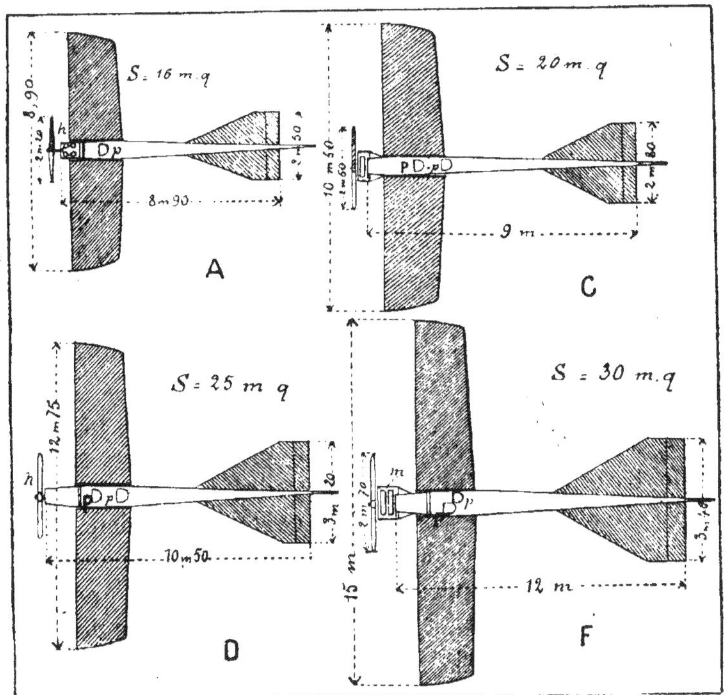

Fig. 27 à 30. — Types de monoplans de Deperdussin.

Type A. — Coque étroite, une place, moteur Clerget, 40 chevaux.
Type C. — Coque étroite, une ou deux places, moteur Gnome, 50 ou 70 chevaux.
Type D. — Coque moyenne, deux places, moteur Daimler.
Type F. — Coque large, un, deux, ou trois passagers, moteur Gnome, 70 ou 100 chevaux.

Sa surface portante est de 23 m². 60, son envergure atteint 11 mètres et son poids à vide 325 kilogrammes. Le type IV R est à moteur Rep 40 chevaux, et son poids est de 335 kilogrammes.

Le 6 mars 1911, le constructeur Nieuport, montant avec M. Leprince son appareil à deux places, parcourait à Bouy, 101 kilomètres dans l'heure. Le 9 mars, avec trois personnes à bord, l'aviateur battait son propre record en franchissant les 100 kilomètres en 58 minutes, ce qui est très remarquable pour les premières sorties d'essai d'un aéroplane.

Le monoplan **Deperdussin** s'est révélé au dernier Salon de 1910 où il a été très admiré en raison de sa construction irréprochable et de ses lignes harmonieuses.

Sa grande vitesse, sa parfaite tenue de l'air et ses qualités de planeur le placent au premier rang des appareils actuels.

La robustesse de sa construction, la facilité et la sûreté de ses manœuvres en font un appareil irréprochable qui justifie de tous points l'estime de sa clientèle de plus en plus nombreuse.

Nous allons en donner une description sommaire :

Les ailes sont caractérisées par leur courbure géométrique très faible, étudiée en vue des grandes vitesses. Leur peu de largeur assure un excellent rendement de sustension. Leur partie arrière flexible leur donne toute la souplesse désirable dans les remous. Elles sont d'une construction extra-robuste, les nervures sont en frêne de choix et les longerons partie hickory, bois employé dans la construction des roues d'automobile en raison de sa solidité extraordinaire.

L'entoilage des ailes se fait au moyen d'une toile de lin extra-forte recouverte d'un vernis protecteur spécial empêchant d'une manière parfaite toute distension hygrométrique.

Le haubanage est assuré par des câbles d'acier capables de supporter en toute sécurité des efforts plus de vingt fois supérieurs à ceux qui leur sont demandés normalement.

A signaler en particulier, comme spécial à cet appareil, le dispositif de haubanage du longeron arrière de l'aile qui empêche toute déformation dans les remous tout en permettant une commande de gauchissement excessivement robuste et d'une grande correction mécanique.

Le fuselage à treillis est renforcé à l'avant par une coque marine démontable. Ce fuselage est très étroit. La coque qui le renforce ne présente aucune aspérité, et l'ensemble

Fig. 31. — Monoplan Deperdussin.

ainsi constitué ne présente qu'une résistance très minime à l'avancement.

Le renforcement de la partie avant du fuselage par la coque permet de placer le pilote et les réservoirs sans compromettre la solidité de l'ensemble.

La suspension, très robuste en même temps que très rustique, comporte deux roues très écartées placées au centre de l'appareil et prenant point d'appui sur deux patins très courts.

L'avant de l'appareil et l'hélice sont protégés par deux

crosses obliques et deux montants réunis par un tube entre-
toisé.

Ces montants supportent la coque par l'intermédiaire
d'une ceinture de câble souple entourant la coque, ce qui
évite tout boulon ou rivet susceptible de provoquer dans les
atterrissages répétés une dislocation des assemblages.

Les commandes sont étudiées de manière à donner toute
facilité de conduite même d'une seule main. Le pilote a
devant lui un volant monté sur un pont articulé à sa partie
inférieure sur la coque.

Le déplacement en avant ou en arrière du pont agit sur
le gouvernail de profondeur.

En tournant le volant à droite ou à gauche, le pilote gau-
chit les ailes par l'intermédiaire d'une commande absolument sûre agissant sur toute la longueur du longeron
arrière.

La barre de direction au pied est très facilement réglable
en position au gré du pilote.

Les empennages et gouvernails sont de forme géométrique exempte de toute fantaisie et disposés de manière à
être efficaces.

Toutes les commandes sont doublées et établies de
manière à présenter une sécurité très grande.

Pourvu d'un moteur Gnome 100 chevaux, le monoplan
Deperdussin a exécuté les performances les plus brillantes.
Piloté à Bétheny par Busson, il a montré ses qualités de
puissance en enlevant dans les premiers jours de mars 1911,
trois et même quatre passagers plus le pilote et en volant à
l'allure de 96 kilomètres à l'heure sur 50 kilomètres de trajet, ce qui montre d'une façon évidente les judicieuses dispositions données aux moindres détails de cet aéroplane.

Le monoplan **Sommer** est constitué par un fuselage **en**
frène, il porte, à l'avant, une hélice de 2 m. 30 de diamètre
actionnée par un moteur Gnôme de 50 chevaux.

Les réservoirs d'huile et d'essence sont disposés au centre de gravité de l'appareil; le pilote placé en arrière des ailes dispose d'une barre au pied pour la direction et d'un levier unique pour le gauchissement et la stabilisation longitudinale.

La surface des ailes est de 19 mètres carrés pour une envergure de 9 m. 40; les ailes forment un angle dièdre très ouvert, elles sont arrondies à l'extrémité.

A l'arrière, le fuselage est muni de deux plans porteurs, dirigés au moyen du volant, ils sont prolongés par le gouvernail de profondeur.

Le gouvernail de direction est à l'extrémité arrière du fuselage. En ordre de marche le monoplan Sommer pèse 270 kilogrammes, sa longueur est de 9 m. 10.

Nous devons encore citer le monoplan **Morane**, qui s'est révélé comme extrêmement rapide, tout en demeurant stable. Le 5 mars, Védrine, montant un appareil de cette marque nouvelle, se rendait de Pau à Toulouse, et parcourait la distance de 210 kilomètres séparant ces deux villes en 1 h. 40, ce qui représente une vitesse de 120 kilomètres à l'heure, résultat tout à fait remarquable, même en admettant la présence d'un vent arrière soufflant dans la direction suivie par l'aviateur.

Le même aviateur, dans la course Paris-Madrid (22 mai 1911), franchissait, en un vol ininterrompu de 3 heures 12 minutes, l'étape Paris-Angoulême, réalisant ainsi le premier grand voyage aérien à une moyenne supérieure à 100 kilomètres à l'heure.

CHAPITRE IV

Comment étaient construits les premiers planeurs des Wright ?

Les premiers modèles d'aéroplanes construits en Amérique par Herring, Avery, et par les frères Wright d'après les conseils de l'ingénieur français Octave Chanute, mort récemment, et qui avaient seulement pour ambition, étant dénués de toute machine motrice, de reproduire le vol plané, dérivaient du cerf-volant cellulaire Hargraves. Chanute a donné les détails suivants sur ces planeurs, imités en France par Archdeacon, le capitaine Ferber, etc., en 1905.

L'appareil comportait deux surfaces rectangulaires superposées, auxquelles était adjointe une queue horizontale à quatre plans se coupant à angle droit. Le bois employé pour la charpente était du sapin bien sec, les nervures transversales étant en frêne ou en osier ; ce dernier a même fourni des résultats satisfaisants, car on peut trouver des brins de grosseur et de courbure justement convenables pour ce genre d'application. Quand c'est du frêne qu'il est fait usage, les perches sont mises à tremper dans l'eau. Après que le profil voulu a été donné d'après un gabarit, on les expose à l'action de la vapeur d'eau et on les laisse sécher lentement sur une forme. On peut fabriquer plusieurs nervures d'une seule pièce puis les séparer ensuite ; on les fait assez fortes pour qu'aucune déformation de l'aile ne soit à redouter, et pour que cette pièce présente une certaine

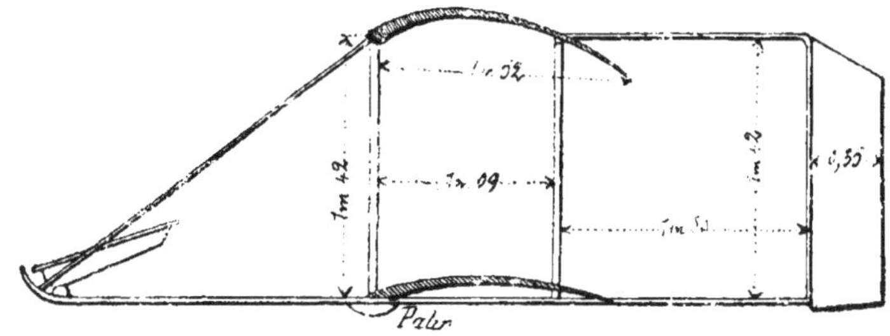

Fig. 32. — Planeur Wright.

flexibilité à l'arrière, chose qui semble avantageuse, on donne aux nervures une section méplate. Le bord antérieur est relié au point de fléchissement par un hauban en fil d'acier très homogène (corde à piano). La stabilité se trouve accrue lorsque l'extrémité des ailes est déprimée d'environ 12 à 15 centimètres au-dessous de la partie centrale, Chanute estimant qu'il est préférable d'imiter l'aile de la mouette de préférence à celle du vautour. Les assemblages de pièces peuvent se faire, selon qu'il s'agit de pièces se trouvant dans le prolongement l'une de l'autre ou de montants disposés verticalement, au moyen de torsades ou ganses en ficelle de caret ou en fil de fer recuit, par des tubes d'acier ou des pièces d'assemblage fondues d'après modèle, en fonte malléable, en acier doux ou en alliage à base d'aluminium. Les ligatures en simple ficelle formées d'une ganse serrée présentent l'avantage d'une certaine élasticité qui atténue et absorbe les chocs de l'atterrissage.

6

Lorsque la charpente de bois est assemblée, on la recouvre d'étoffe et, dans ce but, on commence par fixer le tissu à l'avant en le tendant fortement pour avoir une surface bien lisse, on le plie sur le fil de fer qui réunit les nervures à l'arrière et on le maintient provisoirement avec des épingles. On applique ensuite au pinceau deux couches de vernis incolore, pour coller les rabats et rétracter l'étoffe qui acquiert alors une tension semblable à celle d'une peau de tambour. Ce vernis est composé de 60 grammes de coton poudre humecté d'alcool et dissous dans un mélange de 3 litres d'éther sulfurique et de 1 litre d'alcool. On ajoute, une fois la dissolution opérée, 20 grammes d'huile de ricin et 10 grammes de baume du Canada, et on conserve ce liquide sirupeux dans des bouteilles bien bouchées. Ce vernis s'étend sur l'étoffe composant les plans à l'aide d'une brosse plate.

Telles sont les données générales concernant les premiers modèles d'aéroplanes de Wright, basés sur les principes découverts par Chanute et Herring, et fonctionnant sans moteur. Les appareils automobiles des mêmes inventeurs ont une construction toute différente et déjà plus perfectionnée.

Qu'est-ce que les « flyers » Wright?

La surface d'un biplan se compose d'un longeron profilé à la toupie et sur lequel s'appliquent des nervures courbées au feu, suivant la courbure qu'on veut leur donner. Dans l'aéroplane expérimenté en France par Wilbur Wright, et de place en place, sont boulonnées de petites pièces d'aluminium dans lesquelles viennent se placer les extrémités des montants réunissant les plans superposés, mais avant de boulonner les deux plans de l'aéroplane, on tend sur le tout de la toile caoutchoutée, collée ou maintenue par des lacets sur les nervures, et clouée avec des semences de

tapissier sur les bords. On enfile dans le boulon, avant de
le serrer, de petites attaches pour les haubans destinés à
maintenir la rigidité de l'ensemble. Des tendeurs spéciaux
permettent de régler la tension de ces fils.

Pour les longerons on prend des bois de premier choix;
les Wright avaient choisi le sapin d'Amérique ou *spruce* et
leur avaient donné des profils de section offrant une grande
résistance. L'assemblage des bois est opéré à l'aide de plaquettes d'acier découpées et pliées. Pour que les extrémités
des ailes puissent obéir au levier de gauchissement, les lon-

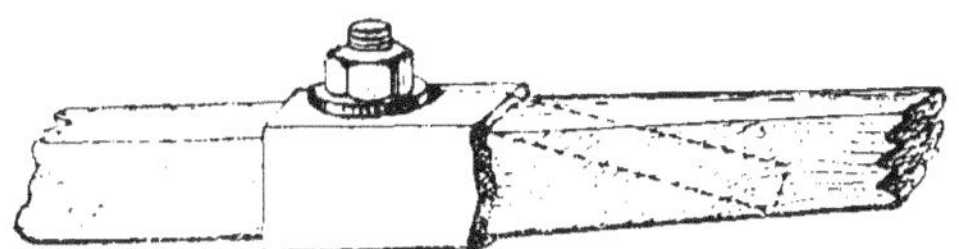

Fig. 33. — Bride d'assemblage à boulon.

gerons sont coupés et les morceaux réunis par un assemblage mobile très solide. Avec du bambou, la liaison est
plus difficile et exige de grandes précautions; on peut alors
faire usage, soit de plaques de tôle d'acier courbées et boulonnées, soit de deux flasques d'acier mince, serrées par
une ligature en fil de même métal. Pour éviter l'éclatement,
on place à l'intérieur du bambou un bouchon en bois dur.

Afin d'éviter le perçage des bois, ce qui leur retire de la
solidité et crée autant de points faibles dans la construction,
Ader et Espinoza recouraient à un procédé excellent à tous
points de vue et qui consistait à réunir les extrémités des
bois profilés à l'aide de bandes de toile imprégnées d'une
colle spéciale insoluble, mais ce procédé est plutôt appliqué
dans la construction des fuselages.

Les surfaces de sustention une fois achevées, on les met
en place sur des patins en bois courbé, mais ce dispositif
employé uniquement nécessite l'addition d'un mécanisme

de lancement de l'aéroplane : pylone à contrepoids et rail de glissement; les Wright eux-mêmes l'ont abandonné, et leurs derniers modèles sont munis, comme les appareils français, d'un châssis avec roues pour effectuer le départ en roulant sur le sol.

L'aile d'un biplan est composée de deux longerons plats dont la longueur est égale à l'envergure totale ; cette longueur était de 12 m. 50 dans le flyer Wright, elle atteint 15 m. 50 dans le modèle de Cody, alors qu'elle ne dépasse pas 10 mètres dans les biplans Voisin. Les longerons sont disposés parallèlement l'un par rapport à l'autre, puis réunis par des pièces de charpente longitudinales, c'est-à-dire parallèles à l'axe de l'aéroplane, de façon à constituer des cadres sur lesquels sont ensuite disposées les *nervures* destinées à supporter les toiles des ailes.

Quel est le mode d'agencement des nervures dans les biplans?

Les nervures sont constituées par des planchettes de frêne courbées au feu et clouées sur les longerons de manière à créer la moindre résistance possible à l'avancement. A cet effet, les longerons qui forment le bord d'attaque des deux plans de l'aéroplane sont taillés suivant des sections appropriées à l'aide de la *toupie,* sorte de fraise tournant à grande vitesse et donnant au bois le profil voulu. On cloue alors les extrémités des deux lames formant le dessus et le dessous de la nervure sur le longeron, et on les immobilise par des plaquettes d'aluminium. Les deux planchettes sont clouées de part et d'autre du second longeron et se rejoignent ensuite en biseau ; là elles sont fixées solidement ou laissées libres, de façon à pouvoir se plier lorsque l'action de l'air sur le plan est trop forte. Ce dispositif employé par les Wright a une grande influence sur la stabilité qu'il améliore notablement.

Si l'on se bornait à relier les nervures aux longerons de la façon qui vient d'être expliquée, les courbures prévues ne se conserveraient pas. Elles sont, il ne faut pas l'oublier, obtenues au feu, et les variations atmosphériques, l'humidité, les intempéries ne tarderaient pas à les déformer. Il faut donc placer entre les planchettes de frêne, soit une planchette intermédiaire dont le plan leur est perpendicu-

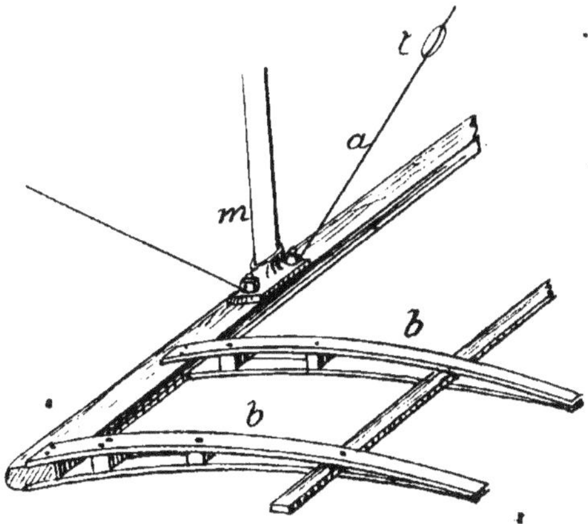

Fig. 34 — Montage des nervures *b* des ailes des montants *m*, et des tendeurs *a*.

laire, soit des tasseaux immobilisés par des pointes, soit encore de petites entretoises, mais ce dernier procédé n'est guère utilisé que dans les monoplans *Antoinette*.

Le nombre des nervures, pour un biplan de 10 mètres d'envergure et 2 mètres de profondeur, est de 25 à 35 en moyenne. Les aéroplanes Voisin en possèdent 48 dans leur envergure, pour les deux plans, et 14 pour la cellule arrière. Dans les Wright elles sont distantes de 0 m. 35 environ sur toute la largeur de l'aile ; l'aéroplane Cody en compte 28 pour 15 m. 50 d'envergure.

Lorsque les nervures sont ainsi agencées sur les longerons, la charpente de l'aile se trouve terminée et il ne reste plus qu'à les entoiler.

Comment s'opère l'entoilage des plans?

Le tissu caoutchouté est maintenu sur les deux faces de l'immense cadre constituant le plan sustenteur, de telle manière que les aspérités se trouvent enfermées à l'intérieur et ne peuvent constituer des résistances à l'avancement.

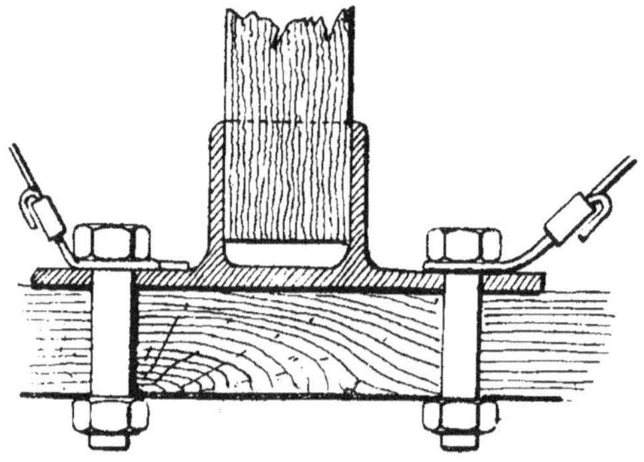

Fig. 35. — Pièce d'assemblage pour montants et bambous.

Pour réaliser cet entoilage de la charpente, on recourt, soit au collage, soit au clouage, soit encore au laçage. Le premier de ces procédés semble être le meilleur, car il permet d'exécuter un travail propre et solide. Le laçage que l'on rencontre dans les biplans Voisin doit être réservé aux attaches de la toile sur de petites surfaces telles que les cadres de gouvernails de direction et de profondeur, les plans verticaux, quilles stabilisatrices, entourage des fuselages, etc. Le clouage a été employé par Wright dans ses premiers appareils, mais il forme un moyen assez défectueux et qui n'est pas à recommander.

Une fois la toile appliquée sur la charpente, on place par-dessus les pièces d'aluminium ou d'acier destinées à relier les plans entre eux et au fuselage. On rencontre parmi les procédés de liaison les plus usités, le boulonnage et le vissage, ce dernier utilisé lorsque la jonction est assurée au moyen de pattes d'attache, formées de petites équerres dont une des branches est vissée au longeron de l'aile et l'autre au fuselage. Des godets métalliques servent à emboîter les extrémités des montants réunissant les deux plans; c'est l'aluminium fondu qui est employé de préférence, et les

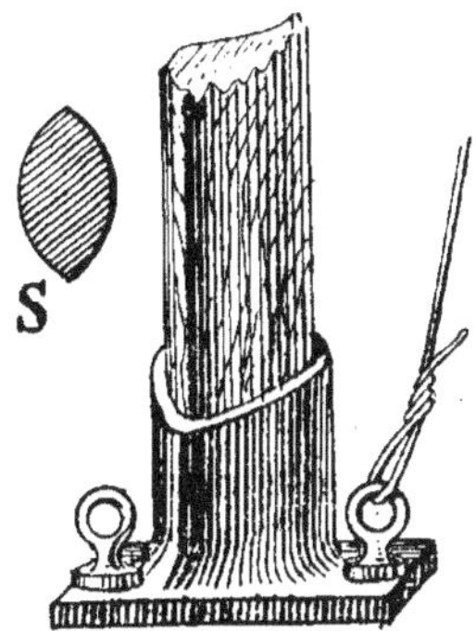

Fig. 36. — Montant. — S. section du montant.

godets sont fixés aux longerons par des boulons portant des œillets où viennent s'attacher les entretoises.

Les deux plans une fois achevés, on emboîte les montants dans les logements qui leur ont été réservés. Il faut remarquer en passant que ces montants présentent une section ovoïde à arête tranchante, de manière à diminuer leur résistance à l'avancement (fig. 36). Les entretoises sont ensuite placées dans les boulons à œillets (fig. 40, et tendues. Elles sont constituées par des fils d'acier de haute qualité, trempés à l'air et capables de porter jusqu'à 350 kilogrammes par millimètre carré sans se rompre. Les tendeurs sont donc établis de façon à supporter de très grandes charges et résister à des efforts de traction considérables. Cet entretoisage ou haubanage assure à l'ensemble des deux plans une rigidité aussi parfaite que celle présentée par une poutre composée de mèmes dimensions.

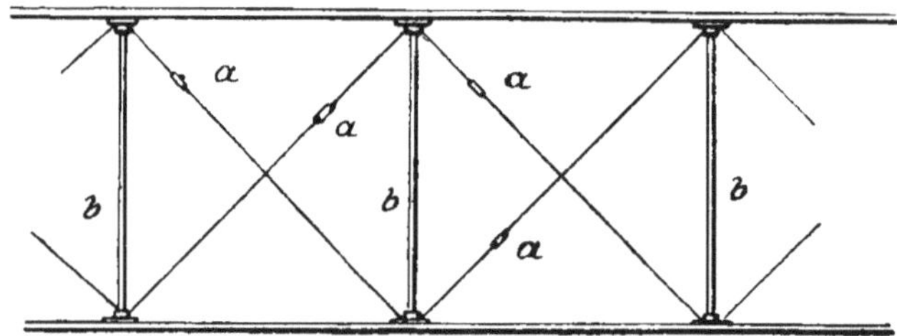

Fig. 37. — Longerons entretoisés par des haubans à tendeurs.
a, b. Montants.

Comment se montent les biplans?

L'entoilage achevé, on opère le montage de l'aéroplane en associant les plans au fuselage ou au châssis. Lorsque le départ et l'atterrissage s'opèrent sur patins, comme dans les *flyers* de Wright, les liaisons des pièces les unes aux autres sont effectuées à l'aide de petites équerres métal-

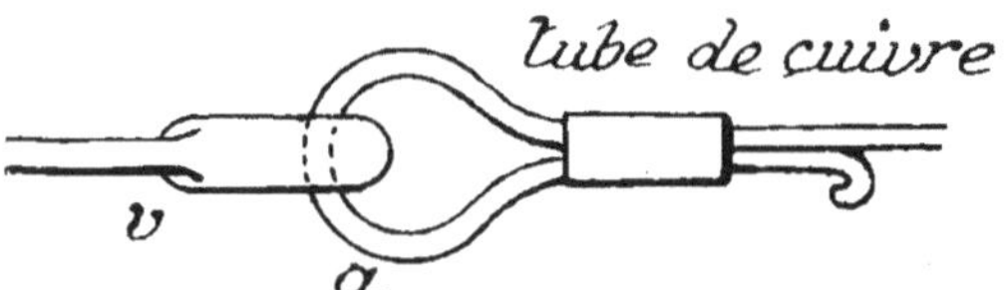

Fig. 38. — Attaches d'un hauban.

liques placées dans tous les points de jonction. Quand l'appareil comporte un fuselage, comme c'est le cas pour les biplans Voisin, le montage se fait de même, sauf les différences résultant de la présence du châssis à roues remplaçant les patins.

Lorsqu'il y a un fuselage, le moteur avec ses accessoires et le siège du pilote sont installés d'avance; le moteur est fixé dans l'emplacement qui lui est destiné sur un plancher formé de poutrelles en tôle d'acier emboutie et percée de nombreux trous pour les alléger. Cette installation est plus difficultueuse avec le Wright : il faut placer sur le plan inférieur des *blocs de montage* en bois, dont la présence exige le renforcement des longerons et des montants. Pour diminuer les risques d'inflammation de l'étoffe sous le

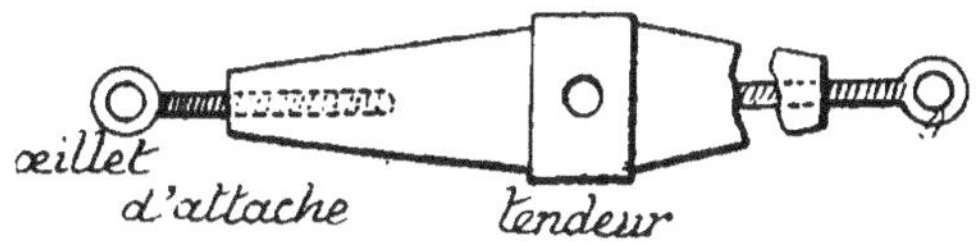

Fig. 39. — Appareil tendeur des haubans.

moteur, ou tout simplement son graissage par les coulures d'huile, on interpose une plaque de tôle sous le socle ou le carter de la machine.

Le montage des commandes de manœuvre de l'appareil est plus facile dans un fuselage que sur les ailes même, et c'est pourquoi les frères Voisin ont adopté ce dispositif. Les organes et les plans de direction sont formés de petits

Fig. 40. — Boulon à œillet.

cadres en bois recouverts de toile imperméable, lacée ou collée, et oscillant autour d'axes verticaux ou horizontaux, grâce à de petites charnières en tôle d'acier. Pour commander le mouvement de ces plans, on les munit de tiges portant à leur extrémité le câble sur lequel agit l'aviateur pilote. Ces tiges sont solidement maintenues par des fils d'acier joignant les extrémités aux coins des plans.

Les câbles ne pouvant transmettre qu'un effort de traction

dans un sens déterminé, pour faire revenir les plans à leur position ou les déplacer dans un sens opposé, il faut obligatoirement employer deux câbles de transmission et des leviers à deux tiges. Pour les renvois, lorsque le brin de commande doit changer de direction, depuis le volant de manœuvre jusqu'à l'organe à mouvoir, on fait usage d'équerres coudées ou contre-coudées et de petites poulies à

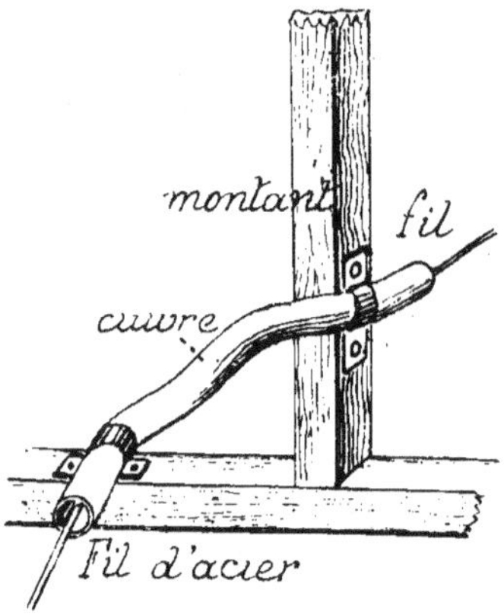

Fig. 41. — Conduite des fils de commande.

gorge, bien que ce dernier système présente peu de sécurité. En effet, un aéroplane, étant données ses dimensions, ne possède jamais une rigidité absolue, de sorte que, pendant les chocs de l'atterrissage, il arrive fréquemment que les câbles sautent hors de la gorge des poulies. Il est donc préférable de remplacer ces poulies par des tubes de cuivre recourbés aux endroits voulus, et c'est ainsi que sont agencées les commandes dans les modèles récents de machines volantes (fig. 41). Il faut toutefois veiller à ce que les frottements des câbles ou fils de commande dans ces tubes ne soient pas trop grands afin d'éviter des accidents qui peuvent avoir des conséquences fatales, comme cela s'est produit plusieurs fois déjà, pour Lefebvre et Fernandez entre autres.

Quels sont les systèmes de biplans les plus usités ?

Le premier kilomètre en circuit fermé a été parcouru par

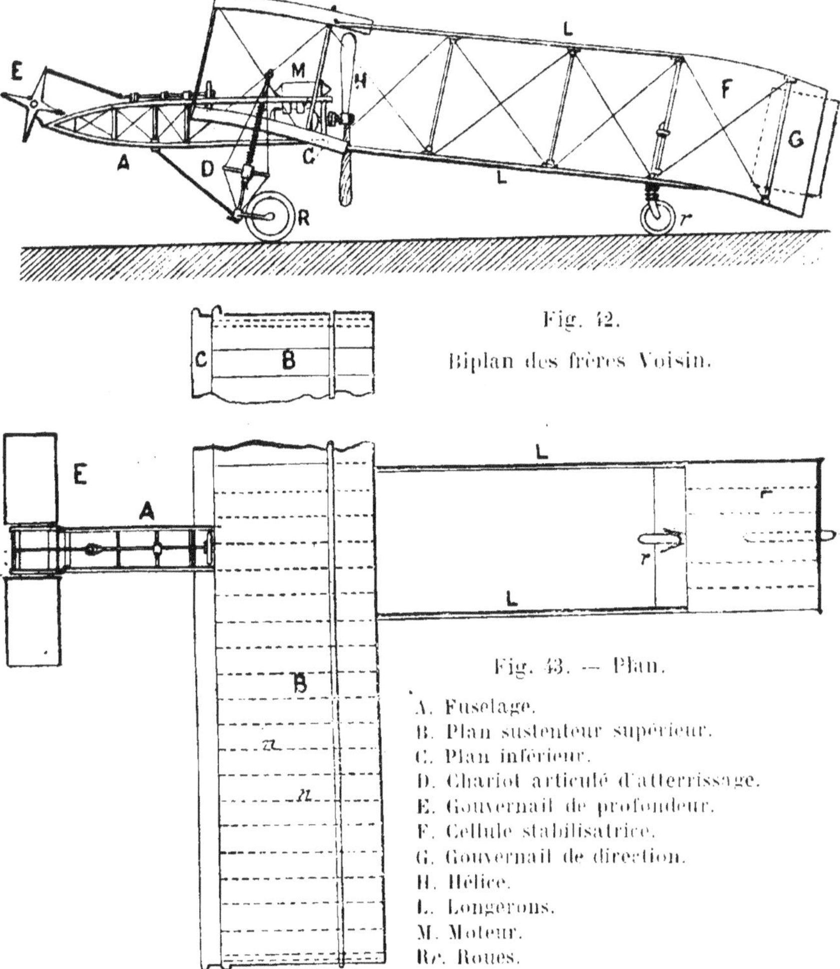

Fig. 42.

Biplan des frères Voisin.

Fig. 43. — Plan.

A. Fuselage.
B. Plan sustenteur supérieur.
C. Plan inférieur.
D. Chariot articulé d'atterrissage.
E. Gouvernail de profondeur.
F. Cellule stabilisatrice.
G. Gouvernail de direction.
H. Hélice.
L. Longerons.
M. Moteur.
Rr. Roues.

Henri Farman à bord d'un biplan Voisin à moteur Antoinette. Ce sont des biplans que montaient les frères Wright en 1905 à Dayton et qu'ils sont venus soumettre en 1908 à l'admiration des Français. Aujourd'hui les constructions les plus estimées sont celles de Henri et Maurice Farman, de Roger Sommer son élève, créateur du modèle militaire, de la Société *Astra*, et, à l'étranger, de Cody et de Curtiss qui méritent une description.

La première modification que H. Farman fit subir à l'ap-

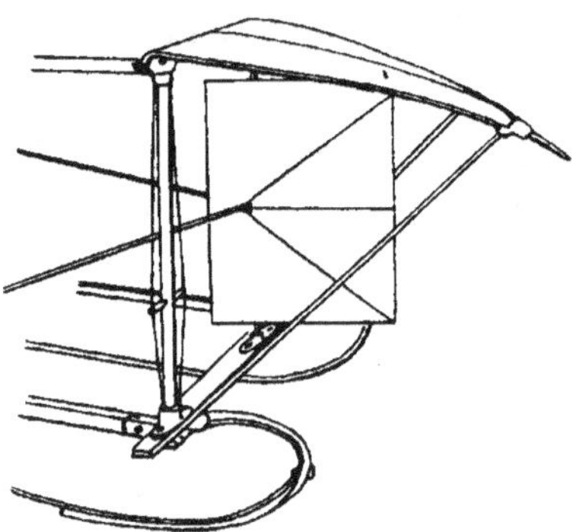

Fig. 44. — Arrière des nouveaux types de biplans Voisin.

pareil Voisin porta sur les plans verticaux qu'il supprima, ayant reconnu leur inutilité ; l'expérience lui montra par la suite les améliorations de détail que l'on pouvait apporter à ce genre de construction, et les derniers modèles qu'il a créés sont complètement différents des biplans Voisin du début. On peut en dire de même des appareils Sommer et Curtiss.

Quelles sont les caractéristiques des biplans H. Farman?

Pour donner une plus grande stabilité à son aéroplane, Henri Farman a ajouté aux bords arrière des surfaces de sustension des plans supplémentaires pouvant tourner librement autour des charnières, ces plans n'occupant qu'une fraction de la largeur totale ou envergure. Ces dispositions n'ont pas été convervées dans les modèles suivants dont voici les caractéristiques :

Les deux plans porteurs ont une envergure de 10 mètres sur 2 de profondeur. Ils sont distants de 2 mètres et reliés l'un à l'autre par 16 montants verticaux immobilisés par des haubans en fil d'acier tendus et entrecroisés. Les nervures des plans présentent une courbure peu accentuée. A chaque extrémité d'un de ces plans, on remarque une entaille donnant place à un aileron dont les mouvements sont commandés par l'aviateur. Les deux ailerons gauches sont réunis par un système de câbles qui les rend solidaires de leurs mouvements. Ces ailerons servent à l'exécution rapide des virages. S'ils s'abaissent du côté gauche, par exemple, ce côté reçoit de la part de l'air une résistance plus grande que le côté droit, et l'aéroplane vire à gauche. Ces mouvements sont commandés par le déplacement d'un levier qui commande à la fois les ailerons, l'altitude, la direction. Sur l'aile inférieure sont fixés le siège du pilote, le moteur, le châssis d'atterrissage. Le réservoir est maintenu entre les deux plans par des fils d'acier tendus. Le moteur employé est un rotatif Gnôme, de sorte que, le refroidissement étant fait par l'air, on se demande en voyant l'appareil Farman où se trouve le mécanisme. Le moteur commande une hélice en bois, à épaisseurs superposées.

Les ailes sont réunies au stabilisateur arrière, placé à une distance de 6 mètres, grâce à un fuselage en bois composé de quatre longerons réunis entre eux par cinq montants, y compris les deux premiers qui servent aussi aux ailes. Le stabilisateur n'est pas à proprement parler une cellule, car les deux cloisons verticales sont mobiles autour d'axes, pour la direction. Les plans horizontaux ont 2 mètres de long sur 2 de large.

A l'avant de l'appareil se trouve le gouvernail de profondeur, de 4 mètres d'envergure sur 1 mètre de large. Le gouvernail est mobile autour d'un axe placé au tiers de sa largeur en partant du bord avant, et réuni aux plans porteurs par quatre longerons réunis deux à deux par un montant, le tout tendu de fil d'acier.

Avant de passer au châssis, disons que, non content d'assembler les matériaux, Farman les fabrique. C'est, en effet, en fortes toiles « Farman » que sont tendus les ailes et les plans de l'appareil.

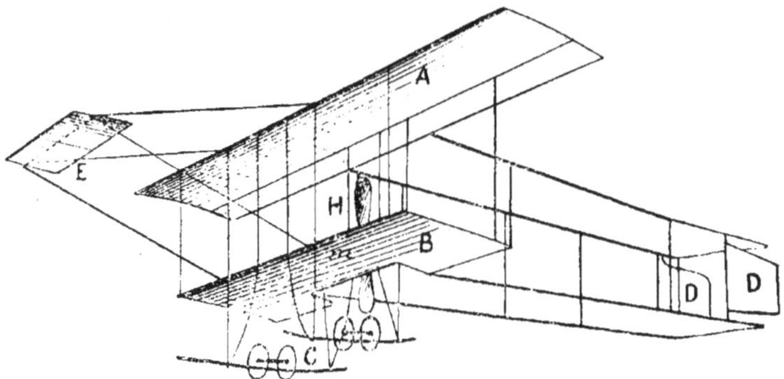

Fig. 45. — Biplan H. Farman.

A B. Plans sustenteurs. — D D. Gouvernails de direction. — C. Châssis d'atterrissage. — E. Gouvernail de profondeur. — H. Hélice propulsive. — m. Moteur.

Le châssis mérite une attention spéciale à cause de sa conception toute nouvelle et de son excellent fonctionnement. Il a pour principe de réunir les avantages du système à patins et du système à roues sans en avoir les inconvénients. On sait, en effet, que les roues sont indispensables pour permettre aux aéroplanes de rouler jusqu'au moment où leur vitesse d'envol est atteinte, mais que, par contre, pour l'atterrissage, les patins sont d'un usage excellent, ce qui permet d'avancer cette opinion que Farman est parvenu à réaliser un système mixte dans lequel les roues peuvent s'effacer au moment opportun, pour assurer le jeu normal des patins. Ceux-ci sont fixés à la machine d'une façon rigide à l'aide de quatre chevalets arcs-boutants entretoisés, et ils affectent une courbure de très grand rayon, pour éviter que les pointes puissent piquer dans le sol. Au-dessus de chacun d'eux, une paire de roues très rapprochées se trouvent placées à cheval, le moyeu commun au-dessus. Ce moyeu est solidaire d'un ressort en caoutchouc très puissant attaché au patin. Au repos, le poids de l'aéroplane n'est pas suffisant pour faire fléchir le ressort, et les roues seules reposent sur le sol. Il n'en est plus de même à l'atterrissage, et le choc produit amène l'allongement du caoutchouc; les patins viennent alors en contact avec la terre et le frottement énergique qu'ils subissent atténue et annihile rapidement la vitesse. Pour éviter la friction de l'arrière de l'appareil contre le sol, deux petites roues s'y trouvent jointes, comme dans le biplan Voisin.

Cette description succincte montre que, loin d'être une copie des modèles existants, l'aéroplane H. Farman représente un ensemble de conceptions personnelles le distinguant nettement des systèmes qui l'ont précédé et dont il dérive.

Quels sont les principes de l'aéroplane Cody?

Les succès des aviateurs français ne doivent pas faire oublier les résultats obtenus hors de nos frontières par les chercheurs de tous les pays; aussi convient-il de rappeler ce qui a été fait notamment en Angleterre par le colonel Cody et aux États-Unis par Curtiss, le premier détenteur de la Coupe d'Aviation Gordon-Bennett.

L'appareil Cody est un biplan qui ne rappelle que vaguement celui des frères Wright, car il est, comme le Farman, le produit d'idées personnelles de son inventeur qui a acquis une longue expérience des choses de l'air, par une étude approfondie du cerf-volant. Voici la description de ce système d'aéroplane qui s'est parfaitement comporté dans de nombreux vols. Il se compose de deux plans superposés ne mesurant pas moins de 15 m. 50 d'envergure sur 2 m. 50 de large, ce qui représente un rapport assez élevé entre ces deux dimensions et réalise une condition avantageuse pour la parfaite exécution des vols.

On a reconnu, en effet, dans les nombreuses expériences effectuées à ce sujet dans les laboratoires d'aéro-dynamique, qu'un plan de forme allongée, rectangulaire, par exemple, recevait de l'air une sustention plus forte quand son bord le plus long attaquait l'air que lorsque l'attaque était réalisée par le bord le plus court. Les expériences de Langley, de Marey, de Canovetto, de l'abbé Le Dantec, de Lilienthal, etc., l'ont prouvé numériquement et ces expérimentateurs ont donné des valeurs de la sustention en fonction du rapport des deux dimensions du plan. Celui qui semble avoir atteint le plus près de la vérité est Joëssel; bref, le fait a été reconnu depuis fort longtemps. La nature elle-même, dans les oiseaux, l'a montré. Cody, lui, a trouvé préférable d'adopter le rapport $\dfrac{15,5}{2,50}$, d'après ses mesures nombreuses effectuées sur des cerfs-volants soulevant des poids connus.

Les deux plans de l'aéroplane Cody ne sont pas, comme dans les biplans en général, absolument parallèles. Les extrémités se rapprochent légèrement, de sorte que l'écartement des plans, qui était de 2 m. 90 au milieu, n'est plus que 2 m. 70 aux extrémités. Ce dispositif ne paraît pas devoir être appliqué utilement aux aéroplanes. Il ne semble pas, jusqu'ici, qu'il conduise à de bons résultats, ce qui, d'ailleurs, est assez naturel, les aviateurs qui l'ont appliqué ayant toujours refusé d'en donner l'explication. Les frères Wright, dans leurs premières expériences sur l'aviation, employaient des planeurs avec gouvernail à l'avant, et dans lesquels les plans présentaient la courbure dont nous venons de parler. Dans les expériences suivantes, qui aboutirent aux remarquables vols du camp d'Auvours, la disposition ne fut pas maintenue. Il était inutile, en effet, de donner au plan supérieur une courbure de sens contraire à celle donnée au plan inférieur. Si l'effet était bon sur l'un, il était mauvais sur l'autre. Comme cette dernière était la surface inférieure, c'est-à-dire celle qui, dans un biplan, travaille davantage pour la sustention, il s'ensuivait que le rendement se trouvait diminué. On peut donc croire que le bon rendement de l'aéroplane Cody provient, non de cette courbure des plans, mais de sa grande envergure.

La manœuvre est rapide, en raison de la grande surface du gouvernail de profondeur qui est placé à l'avant, comme dans le Wright, le Voisin, le Farman, etc. Pour commander ce gouvernail, un levier est disposé près du pilote et il est relié à une barre rigide portant des articulations aux extrémités, de façon à pouvoir commander un montant profilé qui est fixé au plan par des haubans. Les plans tournent eux-mêmes autour d'un axe relié à l'appareil par une charpente très solide en bambou, entretoisée de corde à piano tendue. A voir les photographies de l'appareil de Cody, on fait quelquefois cette erreur de croire qu'il est manœuvré complètement par un volant tournant autour de son axe. Il n'en est rien.

La direction de l'appareil est assurée par un plan vertical de 3 mètres de hauteur réuni aux plans porteurs par deux longerons entretoisés. A l'avant, un petit plan vertical a été disposé perpendiculairement aux plans du gouvernail de profondeur.

L'ensemble de l'appareil Cody est supporté par un châssis composé de trois roues, dont deux sous le bord d'attaque du plan inférieur et la troisième en avant. Dès que le moteur

est en marche, sous la poussée des deux hélices, l'aéroplane
atteint en roulant une certaine vitesse qui fait que les plans
du gouvernail de profondeur reçoivent une résistance qui,
en les soulevant, fait quitter le sol à la roue avant. Des
patins empêchent l'action trop forte dans ce sens. Ils sont
fixés aux ailes de chaque côté, ainsi que deux petites roues
qui sont prévues pour le cas où l'aéroplane verserait sur
l'un ou l'autre côté. Cette disposition, qui a pour but d'éviter
la détérioration des ailes au cas où, à l'atterrissage, elles
viendraient accidentellement en contact avec le sol, a déjà
été appliquée par Esnault-Pelterie à ses monoplans.

La construction proprement dite du biplan Cody présente
certaines particularités originales. Les ailes sont entièrement en bambou et aluminium et se composent de deux
longerons supportant 28 nervures sur lesquelles l'étoffe est
collée. Le châssis est lui-même fuselé et établi d'après les
principes de la statique graphique, ce qui constitue un procédé incontestablement inférieur au système à entretoises
triangulées imaginé par Wright. La preuve en est donnée
par la force motrice considérable exigée par cet aéroplane,
et qui n'est pas moindre de 80 chevaux, alors qu'un biplan
Wright n'a besoin que de 25 chevaux pour voler.

**Quelles sont les caractéristiques des biplans Cur-
tiss?**

La victoire de Curtiss en 1909 dans la Coupe Bennett sur-
prit quelque peu les aviateurs, l'opinion générale étant que
le monoplan devait être plus rapide que le biplan, mais en
réalité cette supériorité n'était due, pour la plus grande
part, qu'à la construction irréprochable de l'appareil dont
les moindres détails avaient été soigneusement étudiés et
fabriqués.

Le biplan de Curtiss est une reproduction du Wright;
d'ailleurs les inventeurs américains ont eu des démêlés avec

la Cie Herring-Curtiss, propriétaire de cet aéroplane. Les
plans sont parallèles et leur envergure n'est que de 8 m. 80
avec une largeur de 1 m. 40. Les ailes sont composées d'une
armature en sapin d'Amérique, d'épaisseur assez faible
diminuant sensiblement la résistance à l'avancement, et
permettant par suite, avec une même dépense de travail,

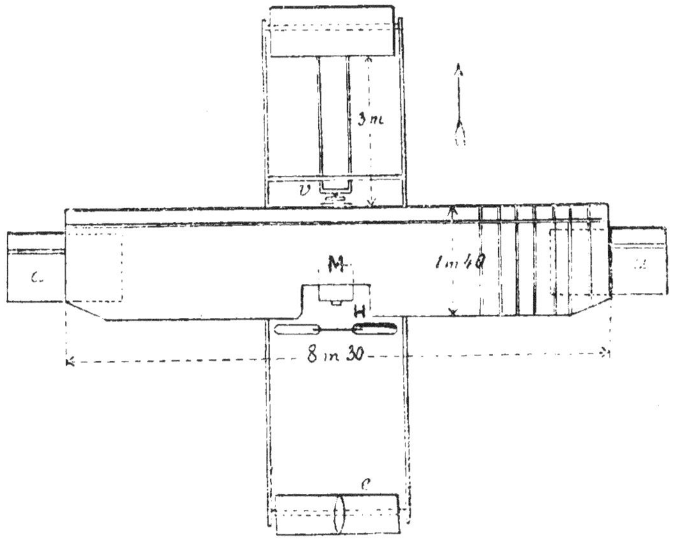

Fig. 46. — Biplan Curtiss.

d'obtenir une plus grande vitesse. Les nervures sont cin-
trées suivant une courbure minutieusement calculée pour
réaliser le mieux possible une entrée sans choc de l'air dans
la concavité, point qui présente, comme cela a déjà été expliqué, une grande importance.

La distance entre les deux plans est de 1 m. 40, et le siège
du pilote se trouve pour ainsi dire suspendu entre eux. La
stabilité dans le sens transversal est obtenue par le jeu de
deux ailerons horizontaux dont les axes sont dans le prolongement l'un de l'autre, à mi-distance des deux plans

sustenteurs, disposition déjà connue et que l'on retrouve dans les premiers modèles Bonnet-Labranche. Quoique peu esthétique, cet agencement est assez bon au point de vue mécanique, car il ne diminue en rien la solidité de l'ensemble. Le gauchissement, qui n'est, comme le dit très justement M. F.-R. Petit à qui nous empruntons les renseignements qui précèdent, qu'un « aileronnage » idéal, est évidemment meilleur comme action, mais il entraîne à des constructions plus difficiles. La commande des ailerons fait tourner ces pièces en sens inverse l'une de l'autre, et amène le rétablissement de l'équilibre, lorsque, pour une cause quelconque, celui-ci se trouve rompu. La stabilité longitudinale est assurée par une cellule et une queue horizontales.

Le moteur de l'aéroplane Curtiss constituait la partie la plus remarquable du système, car sa construction avait été étudiée avec le plus grand soin, ce qui avait permis d'atteindre une très grande légèreté sans diminuer en rien la solidité. Le refroidissement des cylindres était assuré par une circulation d'eau dans une enveloppe de cuivre rapportée. Une hélice à deux pales, en aluminium, calée directement sur l'arbre de couche, utilisait la puissance développée par l'explosion du mélange gazeux. On peut conclure que ce modèle d'aéroplane ne valait que par le soin et le fini apportés dans sa construction, celle-ci ne présentant aucune supériorité réelle sur les systèmes concurrents.

Les derniers types de biplans Farman présentent-ils des différences avec ceux qui viennent d'être décrits?

Le type Henri Farman, dit « Coupe Michelin 1910 », présente quelques différences avec celui qui vient d'être décrit. Comme silhouette générale, il rappelle le biplan militaire à surface supérieure plus étendue, mais il est de dimensions plus considérables. Ses caractéristiques sont les suivantes :

Surface portante, 70 mètres carrés. Poids en ordre de marche, à vide 75 kilogrammes; poids utile transportable, 320 kilogrammes pouvant être représentés par 230 litres d'essence et 80 litres d'huile. Longueur totale, 13 mètres. Envergure, 16 mètres. Stabilisation transversale obtenue par deux ailerons. Moteur Gnôme 50 chevaux. Châssis porteur à roues et à patins, avec amortisseur caoutchouc. Hélice « intégrale » d'un diamètre de 2 m. 60 et d'un pas de 2 m. 40 tournant à 1.100 tours. Vitesse moyenne, 70 kilomètres à l'heure.

La surface inférieure de ce biplan forme un dièdre assez accentué ; la distance entre les plans est de 2 mètres au centre et 1 m. 50 aux extrémités. Les plans « rabattants », fixés dans le prolongement de la surface supérieure, ont une envergure de 2 m. 50 ; ils sont munis chacun d'un volet articulé autour de son arête d'arrière. Les mouvements inverses de ces deux volets ou ailerons assurent la stabilité latérale.

La disposition donnée aux surfaces de sustention a pour but de relever le centre de pression pour augmenter la force portante de l'appareil, et le dièdre contribue pour sa part à fournir ce résultat Pour protéger le pilote contre le froid, un capot est agencé, de manière à enfermer entièrement l'aviateur, et le levier de commande a été déplacé et reporté au milieu, entre les pieds de la personne qui conduit l'appareil. Celle-ci peut immobiliser sa direction pendant quelques instants et avoir les mains libres pour exécuter divers mouvements.

Les biplans Breguet.

M. Louis Breguet, l'inventeur du « gyroplane », est demeuré partisan du biplan, et il s'est particulièrement adonné à ce que l'on pourrait appeler les « poids lourds » de l'aviation. Ses appareils ne diffèrent pas sensiblement, comme agencement général, des biplans décrits précédemment, sauf dans quelques détails de construction. Les liaisons de pièces soumises à un certain effort sont particulièrement soignées, de manière à présenter le maximum de résistance et de solidité, et en fait, c'est l'un des types d'aéroplanes dont le châssis résiste le mieux aux chocs de l'atterrissage. Ses qualités ont été mises en lumière par les résultats obtenus.

M. Breguet était déjà parvenu, en 1910, à enlever un poids utile considérable à l'aide de son appareil. Védrine étant parvenu à enlever, à Pau, neuf passagers à bord de son monoplan Blériot, l'ingénieur Breguet, installé au champ d'aviation de la Brayelle près de Douai, enlevait cinq et six personnes. Le 23 mars 1911, il battait le record du monde du vol avec passagers, à l'aide son biplan à moteur de 100 chevaux. Il enlevait *onze* voyageurs, ce qui, avec le pilote, représente un poids total de 598 kilos, auquel il faut ajouter 35 kilos pour l'approvisionnement de pétrole et d'huile. C'est donc, au total, une charge utile de 633 kilos que l'aviateur a réussi à emporter dans les airs sur un appareil pesant à vide 550 kilos.

Ce poids énorme de 1.200 kilos a accompli par trois fois un trajet d'un kilomètre à une hauteur de 10 à 15 mètres, puis il a couvert en ligne droite cinq kilomètres en moins de cinq minutes. Un tel record, par les chiffres qu'il fournit, est encourageant pour le futur tourisme en aéroplane.

Cependant, 24 heures après, le record de Bréguet était battu. Sommer, à l'aérodrome de Mouzon, enlevait, pendant 800 mètres, sur son monoplan Sommer, muni d'un moteur de 70 chevaux Gnome, douze passagers. Le poids total transporté, treize personnes et le carburant, s'élevait à 653 kilos.

La performance accomplie par Sommer est d'autant plus extraordinaire qu'il réussit à battre de 20 kilos le précédent record avec un moteur d'une puissance inférieure de 30 chevaux.

Le biplan Maurice Farman.

M. Michelin, l'industriel bien connu, avait créé en 1908 un prix de 100.000 francs pour le premier aviateur ayant effectué en moins de six heures, avec un passager, le trajet du parc de l'Aéro-Club de Saint-Cloud au sommet du Puy-de-Dôme (1.463 mètres d'altitude), plusieurs tentatives furent faites en 1910, notamment par Weymann, puis par les frères Morane qui furent victimes d'un accident, en voulant conquérir ce prix. Le 7 mars 1911, l'aviateur Renaux s'adjugeait ce trophée en exécutant avec une merveilleuse aisance les conditions imposées. Parti avec M. Senouque comme passager à 8 h. 57 du matin, il atterrissait à 2 h. 23 minutes au sommet de la montagne, n'ayant mis que 5 h. 26 minutes à parcourir les 380 kilomètres de distance séparant le point d'arrivée du point de départ. C'était là un résultat magnifique et qui équivaut, si elle ne la surpasse, à la prouesse de l'infortuné Chavez dans sa traversée aérienne des Alpes.

Renaux pilotait pour ce voyage un biplan Maurice Farman dont il avait approfondi la manœuvre par un apprentissage patient et méthodique. Ce biplan avait un moteur Renault auquel était adjoint un réservoir d'essence de 175 litres. L'aviateur fit une escale d'un quart d'heure à l'aérodrome de Nevers, afin de se ravitailler en carburant pour continuer sa route et terminer, comme il vient d'être dit, son voyage.

Voici la description sommaire de l'aéroplane Maurice Farman :

La cellule principale a une envergure de 10 mètres; elle supporte un fuselage dans lequel se trouve le moteur, la commande du stabilisateur avant, du gouvernail arrière, du gauchissement de la partie arrière des deux plans de la cellule, et le châssis supportant l'appareil. Le stabilisateur se compose d'un plan unique pouvant pivoter sur lui-même par un simple mouvement de haut en bas de la direction. Grâce à l'adjonction d'un dispositif spécial, il reste dans la position que lui donne l'aviateur. Le gouvernail de direction est commandé du volant à l'aide d'un câble sans fin se rendant à la cellule arrière.

Le gauchissement est obtenu, dans ce type d'aéroplane, à l'aide d'un levier placé à la gauche du pilote qui abaisse ou élève la partie arrière des plans de la cellule en sens contraire l'un de l'autre. C'est-à-dire que, lorsque la partie arrière droite de la cellule portante s'incline vers le sol, la partie arrière gauche, au contraire, prend une position opposée. De même que pour le stabilisateur, le levier conserve automatiquement la position qui lui a été donnée par le conducteur.

Le châssis supportant le fuselage est mixte; il comporte deux roues de 70 centimètres avec amortisseurs de chocs à ressort, et deux patins-skis pour l'atterrissage. Le moteur est un Renault 8 cylindres en V, avec refroidissement par ailettes pesant 170 kilogrammes et donnant 58 chevaux au frein. Un démultiplicateur spécial servant en même temps de came réduit de moitié la vitesse du moteur qui actionne l'hélice, dont le diamètre est de 2 m. 50 et qui tourne à 800 tours par minute. Le poids à vide de l'aéroplane, sans aucun approvisionnement d'huile ni d'essence, sans pilote, atteint à peine 300 kilogrammes. La cellule arrière, disposée à l'extrémité des longerons, mesure 3 mètres de longueur et possède deux petites roues, roulant sur le sol pendant la période d'envol. Elle renferme le gouvernail de direction.

Le biplan Paulhan ou « machine à voler ».

La *machine à voler* est un type particulier d'aéroplane imaginé par l'habile mécanicien Paulhan dans le but de

faciliter l'apprentissage du vol aux aviateurs débutants.
C'est un appareil solide qui se compose essentiellement de
grosses poutres armées formées de semelles en bois réunies
par des croisillons selon un dispositif nouveau dû à M. Fabre.
Ces poutres sont réunies entre elles par de gros câbles reliés
à ces poutres par des *estropes fourrées*, comme dans la
marine. Une des caractéristiques de ce système réside dans
la souplesse ménagée méthodiquement entre toutes les
parties de l'appareil pour leur permettre de jouer et de se

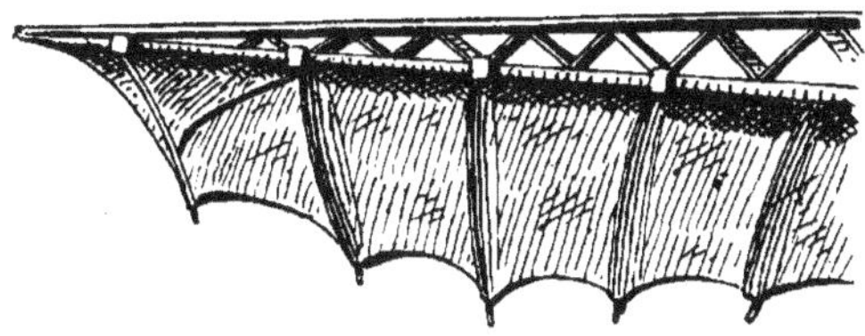

Fig. 47. — Aile de la « machine à voler » de Paulhan.

déformer pour leur propre compte sans nuire au réglage de
l'ensemble.

La surface portante des plans est de 30 mètres carrés, le
poids total sans le pilote, de 400 kilogrammes ; l'envergure
est de 11 m. 20, la longueur d'une extrémité de la poutre centrale à l'autre mesurant 8 m. 50. La stabilité transversale est
réalisée par un gauchissement des plans ; le châssis porteur est à roues et à patins, comme dans le Henri Farman ;
l'amortisseur de choc d'atterrissage est formé de joints
élastiques en cuir. Le moteur est un « Gnôme » de 50 chevaux actionnant une hélice propulsive de 2 m. 70 de diamètre, à pas variable, montée en prise directe et tournant à
1.300 tours par minute. Enfin la vitesse moyenne de vol est
de 80 kilomètres à l'heure.

La nacelle, suspendue par câbles, est formée d'un châssis
recouvert d'un capot en aluminium et toile, ayant l'aspect

d'un obus, agencement ayant pour but de diminuer la résistance à l'avancement. Elle comporte deux sièges côte à côte, devant l'un desquels est disposé le volant unique de commande. Le moteur est monté à l'arrière, entre deux flasques en tôle.

La « machine à voler » de Paulhan est donc un biplan de construction très pratique et dont la voilure peut être repliée à volonté pour le transport. Une fois démonté et emballé, cet aéroplane tient dans une seule caisse de 1 mètre $\times$ 1 mètre et 5 mètres de longueur. Son encombrement est donc réduit au minimum.

Tel est l'agencement des différents types de biplans récents. On voit qu'à part quelques détails secondaires ils se ressemblent tous comme dispositions générales. Les constructeurs ont porté leurs efforts sur l'amélioration des commandes et la consolidation des assemblages suivant les indications données par la pratique. Les résultats enregistrés montrent combien de progrès ont été réalisés en peu de temps, et c'est là une constatation qui permet les plus heureux pronostics pour les usages futurs de l'aviation.

CHAPITRE V

LES MOTEURS D'AÉROPLANES

Quelle est la qualité essentielle que doivent présenter les moteurs d'aviation ?

La condition essentielle, primordiale que doit présenter un moteur applicable à l'aviation consiste dans sa légèreté spécifique, étant donné, bien entendu, que cette légèreté n'est pas obtenue au détriment de la solidité de ses organes constitutifs.

Dès qu'il eut été établi que la clé du problème de la navigation aérienne résidait surtout dans la puissance du moteur, on chercha à construire des moteurs légers, et Giffard, combina en 1852 une chaudière spéciale pouvant, sous un poids de 150 kilogrammes, fournir la vapeur suffisante pour alimenter une machine de 3 chevaux. En 1883, Renard et Krebs préférèrent recourir à un système ayant le grand avantage de ne pas changer de poids en fonctionnant. L'hélice de l'aéronat la *France* était actionnée par un moteur électrique pesant, avec sa pile, 500 kilogrammes pour 9 chevaux, soit environ 30 kilogrammes par cheval et par heure. Ce poids s'abaissa à 12 kilogrammes avec le moteur à pétrole employé en 1899 par Santos-Dumont. Dans la suite, ce poids a encore extraordinairement diminué, et les moteurs actuels fournissent 1 cheval-vapeur, autrement dit 75 kilogrammètres par seconde sous un poids de 3 à 4 kilogrammes.

Est-ce à dire que le seul moteur dont l'emploi soit possible pour l'aviation est le moteur à essence extra-léger ? Une telle affirmation serait un peu trop absolue, et pourrait être contredite dans l'avenir. La vapeur a déjà servi à actionner des aéroplanes ayant volé : entre autres les modèles de démonstration du professeur Langley, de Tatin et Richet, et enfin l'*Avion* qui possédait une machine de 20 chevaux dont le poids, à vide, ne dépassait pas 3 kilogrammes 500 par cheval. L'électricité peut aussi ne pas avoir dit son dernier mot, et l'on peut espérer que l'on découvrira tôt ou tard, soit un moteur à rotation directe de grande souplesse de fonctionnement, qualité qui manque complètement au moteur à pétrole, soit un moteur empruntant sa puissance à une source d'énergie encore inconnue, soit enfin d'autres procédés de traction des véhicules aériens que les hélices actionnées par moteurs mécaniques. La science s'enrichit chaque jour de nouvelles conquêtes et sa marche, vers le mieux et plus parfait, ne saurait s'arrêter. Le moteur à pétrole ne représente donc, probablement, qu'une étape dans l'histoire de la navigation aérienne et de l'aviation.

Quels ont été les premiers moteurs d'aviation mis en service ?

Les frères Wright durent créer de toutes pièces le moteur de 30 chevaux qu'ils montèrent en 1905 sur leur « flyer ». Santos-Dumont utilisa, lors de ses premières expériences, le système « *Antoinette* », qui venait d'être construit sur les plans de l'ingénieur Levavasseur et avait déjà remporté, à bord de canots de course, de sensationnels succès.

Ce moteur est caractérisé tout d'abord par le grand nombre de petits cylindres qu'il comporte, ce qui permet de fractionner l'effort total résultant de la déflagration du mélange tonnant, en employant, au lieu d'une explosion unique par tour d'arbre, un très grand nombre de petites explosions successives. Cette méthode permet de faire travailler toutes les pièces à l'effort normal pendant toute la durée de la rotation, au lieu qu'avec une seule explosion par tour, l'action motrice est presque instantanée, ce qui oblige à calculer les pièces pour l'effort maximum s'opérant pendant ce court instant.

On est donc conduit, pour répondre à ce programme, à faire des cylindres plus petits mais en plus grand nombre, comme le voulait déjà F. Forest en 1885 avec son moteur à 32 cylindres, et c'est ce que l'ingénieur Levavasseur a réalisé avec son type « Antoinette ».

Une des qualités primordiales d'un moteur à explosion, quel que soit l'usage auquel on le destine, c'est d'avoir le moins de trépidations possible, et, pour arriver à ce résultat, il faut 1° que le centre de gravité de l'ensemble des pièces en mouvement ne change pas, et 2° que le couple soit constant. La première condition est facile à réaliser, mais la seconde ne peut être obtenue que par un certain nombre de cylindres : plus de quatre pour avoir un couple positif. On peut avec huit cylindres supprimer le volant.

Un examen attentif des nombreux systèmes de moteurs d'aviation réunis au Salon de la Locomotion aérienne de 1910 a montré que les divers modèles créés depuis quelques années ont été remaniés et perfectionnés par leurs constructeurs. Dans l'un, la fabrication des pièces frottantes a été mieux étudiée; dans l'autre, c'est un organe qui a été simplifié, et partout de grands progrès ont été réalisés au point de vue du « fini » et de l'accessibilité facile des organes. Tous les types récents de moteurs d'aviation ont gagné de la puissance tout en diminuant leur consommation spécifique d'essence. L'ère des tâtonnements est passée et celle de la construction rationnelle commence.

Fig. 48. — Moteur à trois cylindres Anzani.

Le moteur employé par Blériot pour sa traversée de la Manche.

Le moteur employé par le célèbre constructeur pour sa traversée historique du détroit du Pas-de-Calais, le 25 juillet 1909, était un simple moteur pour motocyclette d'entraînement, de 24 chevaux, c'est-à-dire nullement étudié en vue d'une application à l'aviation. Pour cet usage spécial, ce moteur, construit par Anzani, présentait deux inconvénients sérieux résidant, le premier dans la position défavorable occupée par la machine relativement au sens de la marche, le second dans la place occupée par la boîte à clapets ou *chapelle*, en arrière des cylindres. Il en résultait un refroidissement insuffisant de cette pièce essentielle, surtout lorsque l'aéroplane, au lieu de voler librement, roulait sur le sol avant de prendre son essor. Le moteur *chauffait* donc considérablement tant que la vitesse de déplacement était réduite ; le clapet d'échappement masqué par le cylindre atteignait une température telle qu'il dilatait les gaz frais arrivant du carburateur, en formant au-dessus de lui une sorte de poche de vapeur ; il en résultait que la cylindrée n'était plus complète et que la machine perdait notablement de sa puissance.

Ces défauts, qui n'existaient pas lorsque le moteur était disposé, non plus de profil, mais de face sur une moto d'entraînement roulant à 100 kilomètres à l'heure, avaient une importance capitale pour l'aéroplane où ces conditions ne pouvaient être réalisées ; aussi le constructeur a-t-il étudié depuis des types spéciaux pour les usages de l'aviation, et dans lesquels ces inconvénients n'existent plus.

Comment établir une classification entre les moteurs d'aviation ?

Les desiderata des constructeurs d'aéroplanes sont désormais connus et l'on sait quelles sont les conditions auxquelles doit répondre un bon moteur d'aviation. Les mécaniciens se sont donc efforcés de combiner des moteurs particuliers, spécialement destinés à la navigation aérienne et très différents des moteurs pour l'automobile ou le yachting. A chaque application il faut une solution particulière, à un besoin nouveau doit répondre un nouvel organe, et c'est pourquoi le moteur d'aviation doit posséder ses caractéristiques spéciales.

On peut établir la classification suivante entre les divers systèmes actuellement en usage :

I. Moteurs à cylindres verticaux dérivés du type pour automobiles.

II. Moteurs à cylindres disposés en V.

III. Moteurs rotatifs.

IV. Moteurs à cylindres rayonnants.

V. Moteurs à cylindres horizontaux opposés.

VI. Moteurs spéciaux, ne pouvant être rangés dans aucune des catégories précédentes.

Dans toutes ces catégories, sauf la dernière qui contient les modèles les plus récents, on compte des moteurs s'étant distingués et ayant donné les preuves de leurs qualités. Tels sont, dans la première série, les Panhard-Levassor, Grégoire-Gyp, Clerget, Wright, Gobron et Brillié ; dans la deuxième, l'Antoinette et Renault; dans la troisième, le Gnôme, Anzani, Rep dans la quatrième, et enfin Darracq, Bayard-Clément, Dutheil et Chalmers dans la cinquième.

D'autres systèmes, remaniés ou nouveaux venus, n'ont pas encore reçu la consécration de l'expérience à bord d'aéroplanes. Tels sont les modèles Daimler, Aster, Clerget II, Fiat, Chenu, Rossel, Filtz, Viale, Lemasson, Monier (rotatif), Suère, Lemale, Coudert, etc. Parmi ces moteurs quelques-uns sont susceptibles de fournir les meilleurs résultats en raison de leur construction soignée, mais d'autres auront besoin d'une mise au point minutieuse. Il ne faut pas oublier que, dès que l'on sort des sentiers battus, en matière de construction des moteurs, on se heurte souvent à des mécomptes imprévus, à des difficultés insoupçonnées et que l'on ne

parvient à surmonter qu'après de longs et pénibles tâton-
ments.

Le moteur Gnôme.

On peut affirmer sans hésiter que c'est le rotatif «Gnôme»
qui, placé à bord des biplans Farman et des monoplans

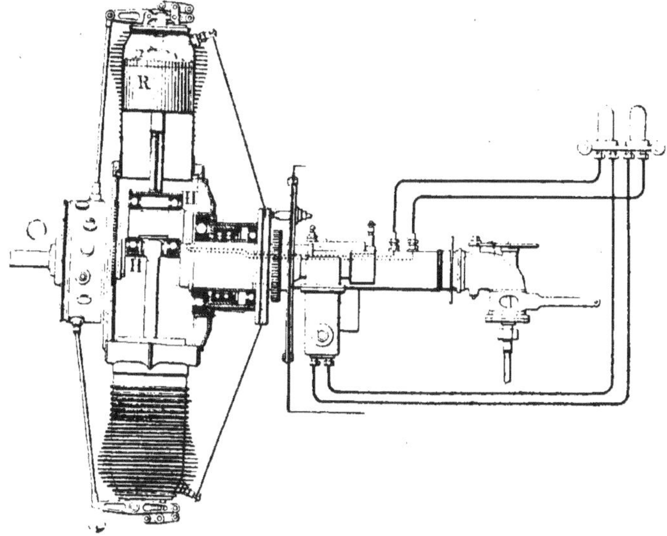

Fig. 49. — Coupe du mécanisme du moteur rotatif « Gnôme ».

Blériot et Morane a, jusqu'ici, remporté les plus brillants
succès.

Tout le monde connaît le principe sur lequel est basé le
moteur « Gnôme », invention de M. L. Seguin. Si l'on fixe le
vilebrequin d'un moteur d'une façon immuable dans l'espace,
en vertu du principe mécanique de l'égalité de l'action et de
la réaction, c'est le moteur tout entier, cylindre et carter,
qui va tourner autour du vilebrequin. Le mouvement relatif
des pistons et des cylindres reste le même dans l'un comme
dans l'autre cas.

8

Il faut naturellement qu'un pareil moteur soit équilibré, c'est-à-dire que les forces centrifuges énormes développées par la masse des pièces en rotation soient neutralisées ; il faut aussi que toutes les précautions soient prises pour que les cylindres, sollicités par la force centrifuge, ne puissent pas s'échapper.

Les avantages de ces moteurs sont assez considérables.

Les masses en mouvement de rotation rapide forment volant et permettent d'obtenir un mouvement très régulier, qualité très importante pour un moteur d'aviation. D'autre part, on obtient ainsi un refroidissement parfait, sans aucune complication, sans système de refroidissement, en munissant simplement le cylindre d'ailettes.

A ces avantages inhérents au système, les constructeurs du moteur Gnôme en ont encore ajouté un autre. Ils auraient pu construire un moteur à deux, trois ou quatre cylindres. Ils ont préféré sept cylindres, utilisant ainsi le mieux possible la matière, celle du vilebrequin en particulier.

Un vilebrequin doit être calculé pour résister au maximum d'effort sur la bielle ; que cet effort se renouvelle une fois tous les deux tours du moteur, comme dans un monocylindre ordinaire, ou sept fois pour deux tours, ses dimensions, et par conséquent son poids seront les mêmes. D'où économie, à puissance égale, à multiplier le nombre des cylindres qui attaquent le même maneton. C'est d'ailleurs sur ce principe que reposent également tous les autres moteurs à cylindres rayonnant alterno-rotatifs ou non.

Ainsi le moteur rotatif présente des qualités spéciales comme moteur d'aviation : légèreté, par suite de la suppression du volant, de tout système de refroidissement, et par la disposition des cylindres et régularité du mouvement, suppression des vibrations.

Le principe est donc tout à fait séduisant. Mais la réalisation présente de très grandes difficultés, non insurmontables cependant : le moteur « Gnôme » en est la preuve. La plus grande difficulté provient des forces centrifuges énormes qu'il faut vaincre. Tout est soumis à la force centrifuge : les cylindres, les bielles, les pistons, les soupapes, les gaz même et l'huile.

Grâce à la qualité des matériaux choisis, acier au nickel à haute résistance, — il n'entre dans le moteur Gnôme que de l'acier ; le carter lui-même est en acier forgé comme les cylindres, — aucune rupture d'organe n'est à craindre. Les cylindres pénètrent à frottement dur dans les alvéoles du carter et sont maintenus par des clavettes introduites parallèlement aux génératrices des cylindres. Ce mode de jonction présente une absolue sécurité. Le montage des sept têtes de bielles sur le même maneton présente une certaine analogie avec celui du moteur Rep dont nous parlerons plus loin, seulement la maîtresse bielle et montée sur roulements à billes, de même que le vilebrequin. Celui-ci est creusé d'un canal longitudinal pour le passage des gaz et de l'huile de graissage ; de là les gaz arrivent dans le carter, lequel est hermétiquement clos, et de là, par une surface automatique placée au sommet du piston dans les cylindres. Le modèle de 50 chevaux « Gnôme » que l'on pouvait voir au Salon de 1911 ne comportait plus de soupapes de ce genre, mais des soupapes d'aspiration commandées et placées au sommet de la culasse On obtient ainsi un meilleur rendement, autrement dit une plus faible consommation spécifique. La soupape d'échappement est au sommet du cylindre dans tous les modèles et elle est commandée par des culbuteurs équilibrés très légers

L'allumage du mélange gazeux à l'intérieur des cylindres est assuré par un magnéto à bougies, tournant aux 7/4 de la vitesse du moteur. Cette magnéto alimente un distributeur garni de sept plots d'où partent les fils se rendant aux bougies.

Le graissage a été perfectionné dans les nouveaux types « Gnôme », car la consommation d'huile était trop élevée avec les premiers modèles dans lesquels la force centrifuge chassait le lubrifiant sans récupération possible. Une pompe à huile envoie l'huile sous pression dans le vilebrequin, d'où elle est distribuée aux têtes de bielles et aux coussinets à billes. L'excès d'huile est chassé par la force centrifuge vers la tête des cylindres, et s'échappe avec les gaz d'échappement. Cependant, malgré toutes les précautions prises, la consommation d'huile demeure un peu forte.

Telles sont les dispositions générales données à ce moteur à cylindres tournants qui a tant fait parler de lui et doit son succès à sa construction soignée, ce genre de moteurs n'admettant pas la médiocrité.

Comment est constitué le moteur Rep? (Robert-Esnault-Pelterie.)

Dans un moteur ordinaire à quatre temps, un des manetons du vilebrequin ne reçoit l'effort de l'explosion que pendant une course du piston sur quatre; ce maximum n'est même atteint que pendant un dixième environ de cette course. Le maneton ne travaille donc à pleine puissance que pendant un trentième du temps où le moteur tourne. Si le moteur tourne trente heures, le maneton ne travaille à son maximum que pendant une heure. Le reste du temps il présente une résistance et un poids tout à fait inutiles, dont on ne peut cependant le priver, puisque, de loin en loin, ces qualités lui sont indipensables. On peut en conclure que, dans un vilebrequin de moteur à pétrole ordinaire, la matière est fort mal utilisée, puisqu'on ne lui demande que la trentième partie des services qu'elle est capable de rendre. Un des premiers ingénieurs qui se soient préoccupés de faire cesser cette anomalie est M. Robert Esnault-Pelterie, qui a pensé satisfaire aux deux exigences primordiales de l'aéroplane :

effort moteur constant, poids minimum, en multipliant le
nombre de cylindres dont les bielles attaquent un même

Fig. 50. — Moteur Rep.

vilebrequin en faisant travailler le métal plus souvent à
son maximum pendant la durée du cycle.

Les derniers types de moteurs R. E. P. comportent cinq
cylindres disposés en éventail, et présentant un alésage de
100 millimètres sur 160 millimètres de course. Les pistons

travaillent sur deux manetons diamétralement opposés, les cylindres étant agencés sur deux rangs.

Lorsque le nombre de cylindres du moteur est impair, on réalise une répartition égale et uniforme des explosions dans un temps déterminé, en n'employant qu'une came unique pour la distribution. En même temps, la disposition donnée aux cylindres dégage ceux-ci et assure leur parfait refroidissement par le courant d'air créé par le déplacement de l'aéroplane sans qu'il soit nécessaire de les charger d'une circulation d'eau. Ces cylindres ont une culasse hémisphérique, supprimant la « chapelle » et abaissant au minimum l'action de paroi si désastreuse pour le rendement des moteurs thermiques. Les deux soupapes voisines qui remplacent les soupapes concentriques des premiers types « REP » sont commandées par un unique culbuteur. Les cinq culbuteurs reçoivent leur mouvement alternatif d'une came à rainure qui porte deux bossages et tourne quatre fois moins vite que l'arbre principal.

Les bielles, qui travaillent attelées à plusieurs sur le même maneton, ont nécessité des dispositions spéciales. Une bielle maîtresse porte seule le coussinet de bronze dur qui embrasse la soie du vilebrequin, et les bielles secondaires s'articulent dans un logement ménagé à l'intérieur de la tête de la bielle maîtresse. Il en résulte que toutes les bielles travaillent sur le maneton par une très large surface de frottement.

Le graissage, qui présente une très sérieuse importance dans les moteurs d'aéroplanes qui travaillent constamment à pleine puissance, s'opère par une circulation d'huile sous pression. La pompe est commandée par un excentrique et refoule l'huile jusqu'aux deux portées des manetons par l'intérieur du vilebrequin. Quant au carburateur, il est établi selon les principes usuels. La même commande règle l'entrée d'air additionnelle et l'étranglement des gaz. Il est logé au fond du carter d'huile pour être soustrait aux variations brusques de température qui se rencontrent fréquemment pendant le vol. La mise en route s'opère par le courant d'accumulateurs, puis l'allumage se continue par magnéto.

Telles sont les caractéristiques essentielles du moteur R. E. P. Il est trop simple pour nécessiter une longue description. Son poids, avec la magnéto et accessoires, est de 150 kilogrammes. Quant à sa puissance, voici quelques chiffres officiellement contrôlés et relevés par le capitaine Couade, chargé du service des moteurs à l'Établissement d'aviation de Vincennes :

« Essai d'une durée de quatre heures consécutives à pleine puissance. Mesures de vitesse et de couple faites de demi-heure en demi-heure. La puissance pendant les 4 heures s'est maintenue rigoureusement constante à 61,8 chevaux, vitesse 1.160 tours par minute, couple 38 kilogrammes. »

Consommation pour 4 heures, essence. . .	61 kil.	150
— — huile. . . .	9 —	630
— par cheval et par heure, essence.	0 —	247
— — — huile . .	0 —	039

Ces chiffres montrent que la consommation de cette machine n'est pas supérieure à celle d'un bon moteur à essence type fixe ou automobile, bien que le poids brut ne dépasse pas 2 kilogrammes 500 par cheval-vapeur utile. C'est là un résultat à tous points de vue excellent.

Les moteurs « Antoinette ».

Le moteur étudié par l'ingénieur Levavasseur pour les monoplans « Antoinette », dont on n'a pas oublié les prouesses dans les meetings d'aviation, a profité également de l'expérience acquise depuis plusieurs années, car c'est l'un des plus anciennement connus et appliqués, et les derniers modèles ont reçu de nombreux perfectionnements de détail. La légèreté est obtenue par l'emploi de l'aluminium partout où le métal n'a aucun effort à supporter, en calculant toutes les pièces pour les ramener au volume minimum, tout en conservant un bon coefficient de sécurité, enfin en tournant tous les cylindres à l'extérieur pour leur conserver les dimensions voulues, ce qui oblige toutefois à rapporter une enveloppe en cuivre électrolytique pour assurer la circulation d'eau de refroidissement. Le poids massique ne devant pas dépasser 2 kilogrammes par cheval, le procédé de montage suivant a été adopté : le cylindre est composé de trois pièces essentielles, le corps de cylindre en acier, une fausse culasse en aluminium et la chemise en cuivre. Les sièges des clapets d'aspiration et d'échappement sont en acier au nickel inoxydable, et les deux extrémités du cylindre portent des collerettes, l'une pour l'attache au bâti, l'autre pour l'enveloppe.

Le bâti présente la forme d'un prisme triangulaire, l'angle du sommet étant droit et les deux angles égaux. Sur chacune des faces inclinées à 45 degrés, se trouvent placés quatre cylindres. Un arbre unique à quatre manivelles dans le même plan, reçoit son mouvement des huit pistons. Les bielles sont disposées par paires sur la même manivelle et commandées par les cylindres en regard. Un arbre à cames commande les huit clapets d'échappement et les soupapes d'admission.

Les cylindres sont fixés sur le carter au moyen de brides s'appliquant sur les collerettes circulaires ménagées à la base, de telle façon que chaque cylindre peut être usiné sur le tour. En plus des deux cloisons des extrémités, le carter possède trois autres cloisons intérieures, et l'arbre manivelle est supporté par cinq paliers.

L'allumage est assuré par bobine à trembleur ou par magnéto à haute tension, et ces deux procédés peuvent être employés simultanément ou séparément, de manière à avoir des étincelles très chaudes et très nourries permettant de varier l'avance à l'allumage avec une très grande précision.

La carburation est produite par une petite pompe à essence commandée par le moteur, et qui, prend l'essence au réservoir pour la refouler dans huit distributeurs montés sur les cloches d'aspiration. Le but de ces distributeurs est de régler la quantité d'essence nécessaire à chaque cylindre, de l'emmagasiner pendant les trois temps du cycle précédant la phase d'explosion, de telle façon qu'elle se trouve entraînée par l'air, pulvérisée et vaporisée pendant la période d'aspiration.

Le débit de la pompe à essence est variable à volonté par le changement de course du piston, tout en gardant l'automaticité due à sa commande par le moteur. On comprend que, quelle que soit la température de l'air aspiré et sa composition, il soit possible d'obtenir par ce moyen une bonne carburation et un fonctionnement assez économique.

La tuyauterie d'admission se trouve, par la même occasion, supprimée. L'ensemble, pour un cylindre de 130 millimètres $\times$ 130 millimètres, soupapes comprises, pèse environ 6 kilogrammes et travaille à moins de 1 kilogramme 5 par millimètre carré.

Toutes les pièces subissant des efforts alternatifs, tels que l'arbre à manivelles, axes des pistons, billes, clapets, brides, sont en acier travaillant à moins de 10 kilogrammes par millimètre. Les autres matériaux : bronze, alluminium, laiton travaillent au plus à 2 kilogrammes. Le modèle à huit cylindres de 105 $\times$ 105 pèse nu, sans mécanisme de marche arrière, 75 kilogrammes, sa puissance est de 50 chevaux et son allure normale de 1.400 tours par minute.

Les nouveaux moteurs Anzani.

M. Anzani a étudié trois types nouveaux de moteurs répondant à toutes les exigences de la pratique. L'un est à refroidissement d'eau, pour l'apprentissage des aviateurs, les deux autres sont à ailettes, l'un à trois, l'autre à cinq cylindres en étoile.

Le moteur à circulation d'eau est à 4 cylindres en V, de même alésage que le 3 cylindres. C'est le type idéal pour écoles de pilotes, car il a toutes les allures, grâce à un ralenti parfait par les gaz, et il est à peu près impossible de le faire chauffer. L'élève aviateur peut « faire du taxi » tant qu'il veut, sans crainte de le détériorer, ce qui n'avait pas lieu avec le premier type à ailettes. Lorsqu'il s'en sent l'audace, le débutant n'a qu'à pousser l'accélérateur pour s'envoler.

Dans les moteurs à ailettes, M. Anzani a apporté un remède radical aux imperfections de son premier système : il a supprimé la *chapelle* et reporté les clapets sur le fond du cylindre, la queue en l'air ; l'échappement, commandé par le culbuteur, est en avant, l'admission en arrière. Cette disposition, qui procure d'abord un certain allègement, permet un refroidissement parfait, la soupape d'échappement recevant tout le vent de la marche. En même temps, la tuyauterie d'admission se trouve raccourcie et ne présente plus de courbes descendantes favorables aux condensations de gaz amenant des ratés d'allumage lorsque la température est basse ; le clapet d'admission, mieux guidé et sollicité directement et non plus obliquement, ne peut plus se coincer. Les culasses sans chapelle voient leur rendement augmenté de ce fait de 15 à 20 p. 100 ; le moteur ainsi modifié fournit 28 chevaux au lieu de 25, tout en gagnant 5 kilogrammes sur son poids, bien qu'aucune pièce n'en soit allégée.

Le type 5 cylindres en étoile *non rotatif* vient de faire ses preuves après dix mois d'études et d'essais, avec Molon, Noël, Train, etc., qui l'ont adopté et ont volé plus de trois mille kilomètres avec ce moteur. Dans ce type, la chapelle n'existe plus, de même que le patin, d'où une première cause d'allègement de 1.200 grammes par cylindre. La tubulure d'admission a été perfectionnée ; une chambre annulaire a été ménagée sur l'une des faces du carter, des tubes d'aluminium très courts en sortent tangentiellement et la font communiquer avec chacun des cylindres, et un petit raccord la relie au carburateur. En vertu de la propriété des ajutages tangentiels (jet Riley), les gaz tournant toujours dans le même sens dans cette chambre ou *nourrice*, il en résulte

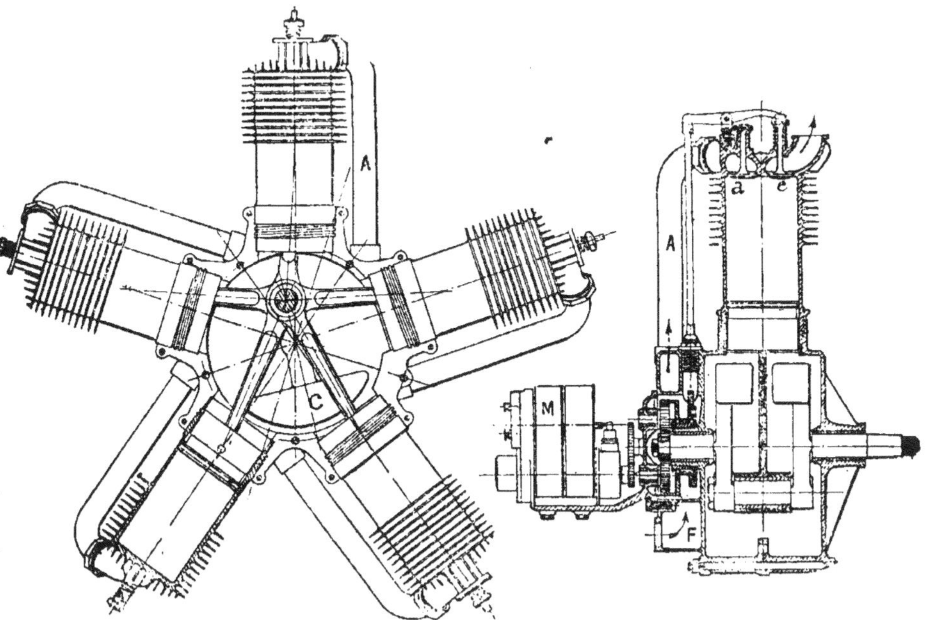

Fig. 31 et 32. — Coupes du nouveau type de moteur Anzani,
à cinq cylindres.

que la carburation est parfaite et homogène pour chaque cylindre. Le fait que, d'autre part, cette nourrice est venue de fonte avec le carter, assure le réchauffage des gaz et le refroidissement du carter par échange réciproque de calories et de frigories.

Toutes les parties de ce moteur subissant des efforts sont renforcées, et le poids ne dépasse pas 72 kilogrammes pour

50 chevaux, au lieu de 86 pour 40-45, et la machine, compacte et peu encombrante, est facile à fixer et à refroidir.

Les moteurs d'aviation Renault.

Les usines justement estimées Renault frères de Billancourt ont créé deux types de moteurs pour l'aviation, l'un à refroidissement par l'air, l'autre à refroidissement par circulation d'eau. Le premier, qui a triomphé notamment avec Renaux, sur l'aéroplane Maurice Farman (Coupe Michelin Paris-Puy-de-Dôme), est à 8 cylindres de 90 millimètres d'alésage et 120 millimètres de course, garnis d'ailettes et disposés en V. Sa puissance normale est de 50 chevaux.

Chaque maneton du vilebrequin est attaqué par deux billes pour ramener au minimum le poids de l'arbre, tout en conservant une grande robustesse ; les portées extrêmes reposent sur des roulements annulaires. Toutes les soupapes sont commandées mécaniquement par un seul arbre à cames, les clapets d'échappement au-dessus de ceux d'admission, et conduites par un renvoi. Le carburateur est automatique, c'est-à-dire qu'il ne comporte ni membrane ni ressorts susceptibles d'avaries ou de déréglage. Il assure, en même temps qu'un fonctionnement très sûr, une consommation d'essence modérée. L'allumage des gaz dans les cylindres est opéré par magnéto à induit tournant accessible dans toutes ses parties. Le graissage est effectué par une pompe enfermée dans le carter, dont la partie inférieure forme réservoir d'huile. La tuyauterie d'admission, disposée entre les cylindres, se trouve à une température assez élevée, favorable à une bonne carburation.

Le refroidissement est assuré par un ventilateur centrifuge de grand diamètre, qui refoule l'air dans la chambre formée par les cylindres et le carter qui les recouvre. L'excès de chaleur des parois est enlevé par ce violent courant d'air se renouvelant constamment. L'arbre à cames, très robuste, est utilisé comme arbre porte-hélice, ce qui permet de réduire de moitié la vitesse de ce propulseur sans faire intervenir d'engrenages démultiplicateurs. La puissance effective, mesurée sur cet arbre, dépasse 55 chevaux, la

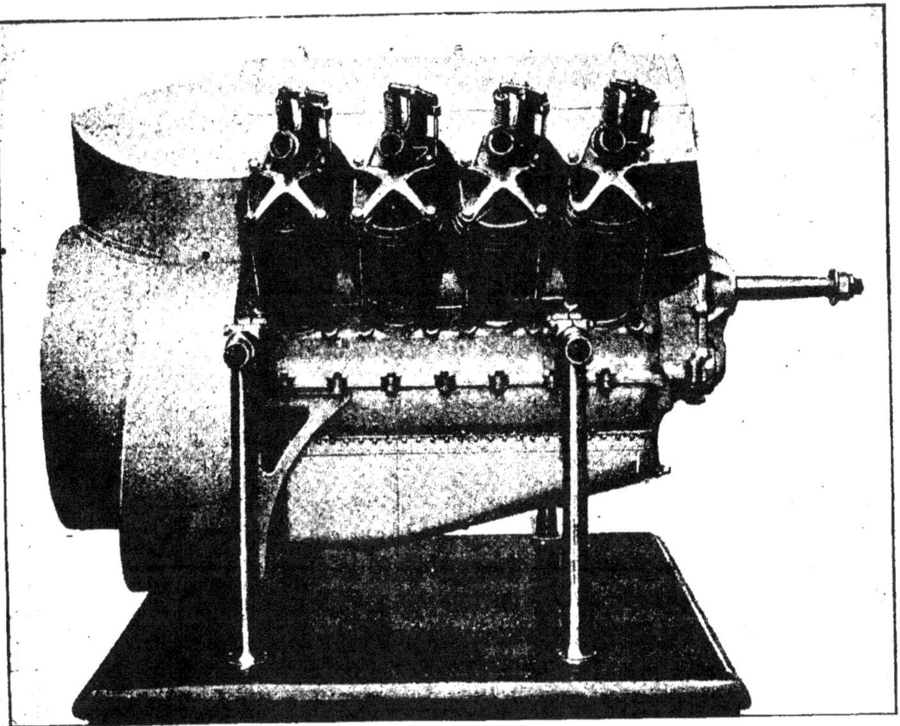

Fig. 53. — Moteur d'aviation Renault.

vitesse de rotation du moteur étant de 1.800 tours, soit 900 tours pour l'arbre à cames et l'hélice. Cette puissance peut être maintenue constante avec une parfaite régularité ; les variations de régime et de puissance s'obtiennent par une seule commande, en agissant sur l'admission des gaz.

Le moteur Renault est d'une construction très soignée, de

même que tous les autres types de moteurs de cette marque célèbre, et les succès qu'il a remportés en aviation sont une preuve de ses hautes qualités et du bon agencement de ses divers organes.

Quels sont les autres moteurs spéciaux pour l'aviation?

Le moteur Gobron, de création récente, présente les caractéristiques suivantes : l'alimentation de gaz explosifs est assurée par carburateur, le refroidissement par circulation d'eau au moyen d'une petite turbine calée à l'une des extrémités de l'arbre. Les huit cylindres sont disposés en X et disposés par deux dans quatre demi-plans rectangulaires. Deux magnétos, symétriques par rapport au plan vertical de l'arbre, assurent l'allumage du mélange à l'intérieur des cylindres, qui possèdent deux pistons opposés avec chambre d'explosion médiaire. Le type de 80 chevaux pèse 150 kilogrammes.

Les cylindres des moteurs Dutheil-Chalmers sont horizontaux, dans le prolongement l'un de l'autre et légèrement désaxés, de même que les bielles : l'équilibrage des pièces en mouvement se trouve ainsi réalisé. Des tirants traversent le carter et viennent se fixer dans des étriers qui embrasent la tête des cylindres, maintenant ces organes en place. Une chemise en cuivre électrolytique permet d'assurer le refroidissement des parois par une circulation d'eau. Le type quatre cylindres pèse 140 kilogrammes et développe 40 chevaux à 1.200 tours.

Le moteur « Jap » de Vaniman appartient encore à la catégorie des moteurs à 8 cylindres disposés en V, à ailettes. Son poids, en ordre de marche, est de 85 kilogrammes et la force, développée à 1.600 tours, est de 35 chevaux environ.

Le type de Korwin, exposé en 1910, fonctionnait d'après un cycle à trois temps et comportait six cylindres à ailettes, fournissant 30 chevaux à 1.200 tours sous un poids de 50 kilogrammes. Un distributeur tournant assurait une admission parfaitement régulière dans chaque cylindre.

M. Clerget a établi un modèle à 7 cylindres ne pesant, avec tous ses accessoires, que 70 kilogrammes pour 50 chevaux à 1.200 tours par minute. Il est muni d'une circulation d'eau telle que chaque cylindre possède une arrivée d'eau spéciale provenant d'une pompe à sept départs. L'arbre est vertical et des dispositions particulières assurent un équilibrage parfait des pièces en mouvement.

La firme italienne F. I. A. T. de constructions mécaniques a établi un moteur léger à 8 cylindres en V, refroidis par courant d'air soufflé par un ventilateur, tout le mécanisme se trouvant enfermé à l'intérieur d'un léger carter en aluminium. La puissance est de 50 chevaux à 2.000 tours et le poids massique très faible : 60 kilogrammes, soit 1 kilogramme 2 par H. P.

Mentionnons encore le moteur Bariquand pesant en état 100 kilogrammes de marche pour une puissance de 32 chevaux à 1.200 tours.

Données générales relatives aux moteurs d'aviation.

Si nous voulons résumer cette étude des moteurs pour comparer les différents systèmes passés en revue les uns aux autres, nous pourrons rassembler les chiffres donnés dans le tableau synthétique.

NOMS DES MOTEURS	Alésage en m-n.	Course en mm.	Vitesse. en tours minute	Puissance déve- loppée	Poids total	Poids par H. P. de 75 kgm.
Antoinette 8 cylindres..	105	105	1.500	50 H. P.	85 k	1 k 7
Renault, 8 —	90	120	1.200	55 —	170	3,0
— 4 —	110	160	1.200	55 —	130	2,4
R. E. P., 7 —	85	95	1.500	35 —	60	1,7
Gnome, 7 —	100	120	1.200	50 —	75	1,5
Farcot, 8 —	105	120	1.600	50 —	155	3,1
Clerget, 7 —	100	115	1.200	50 —	70	1,4
Dutheil-Chalmers, 4 cyl.	125	120	1.200	40 —	135	3,4
De Korwin, 6 cylindres..	80	80	1.200	20 —	50	3,0
Buchet, 3 —	80	80	1.800	12 —	36	3,0
F. I. A. T. 8 —	65	120	2.000	50 —	60	1,2
Anzani, 3 —	135	150	1.200	50 —	108	2,2
Jap, 8 —	85	95	1.500	35 —	85	2,4

Les chiffres de ce tableau montrent quels remarquables
résultats ont pu être atteints en peu d'années par une étude
sérieuse et attentive de différentes conditions du problème
à résoudre. On peut cependant penser que le dernier mot
n'est pas dit en cet ordre d'idées et que l'avenir verra surgir
des machines encore plus perfectionnées que celles que nous
venons d'examiner.

CHAPITRE VI

LES PROPULSEURS

Qu'est-ce qu'une hélice ?

A cette question, nous ferons la réponse suivante :

Une hélice n'est autre chose, en réalité, qu'un énorme pas de vis, qui, en effectuant son mouvement de rotation, pénètre dans le milieu où il se meut, comme une vis dans son écrou. La longueur dont cette vis a avancé pendant le temps qu'elle a mis à exécuter un tour complet, constitue ce que l'on appelle le *pas*. On peut encore comparer l'hélice à une espèce de plan incliné se déplaçant circulairement tout en avançant d'une certaine quantité, car la résistance éprouvée est proportionnelle, dans les deux cas, au sinus de l'angle que forme le plan ou la branche d'hélice par rapport à la trajectoire décrite. C'est là la composante nuisible de la résistance totale, tandis que l'autre composante, perpendiculaire à la première, et par conséquent proportionnelle au cosinus de l'angle d'attaque, est, dans les deux cas, celle que l'on veut utiliser. L'analogie entre les deux organes est donc exacte.

La condition essentielle que toute hélice bien comprise

doit présenter, est celle d'un pas régulier depuis son centre jusqu'à sa circonférence; autrement les points dont le pas serait plus allongé, ayant une tendance à progresser plus vite que les autres, créeraient par ce fait une résistance nuisible, et par suite une perte de travail. D'autre part, la matière constituant une hélice doit présenter une surface parfaitement lisse, afin de diminuer autant que possible l'importance du frottement de l'air, frottement d'autant plus grand que la matière est plus rugueuse. Il faut, pour la même raison, éviter toute saillie inutile, toute irrégularité de formes, de manière à ce que l'hélice se rapproche, autant qu'il est possible de le faire dans la pratique, de la courbe parfaite indiquée par la géométrie. En suivant ces prescriptions cet organe sera doué du meilleur rendement, et qui constituera son *rendement de construction*.

Quel est le rendement des hélices?

Le rendement des hélices aériennes peut s'élever jusqu'à 65 et 70 p. 100 lorsque leur construction est très soignée, mais on ne saurait beaucoup dépasser ces chiffres, de nombreuses causes venant s'opposer à ce qu'on puisse recueillir la totalité de l'effort dépensé, et ce en raison des pertes de travail qui se produisent et qu'on ne peut éviter. Ces causes sont d'abord la résistance éprouvée par les ailes dans leur mouvement à travers l'air, résistance indépendante de celle résultant de leur inclinaison sur la trajectoire qu'elles décrivent et provenant de leur épaisseur, de la nature des matériaux les composant, etc. Les ailes d'hélices sont soumises aux lois du déplacement des mobiles dans les fluides et subissent une résistance au mouvement qui est proportionnelle au carré de leur vitesse de rotation. Elles absorbent pour ce mouvement une quantité de travail proportionnelle au cube de cette même vitesse. Pour toutes ces raisons, il faut donc que les hélices destinées à agir dans l'air présentent une forme extrêmement régulière en tous leurs points, avec une épaisseur très faible et des bords tranchants, aussi bien à l'entrée du pas qu'à sa sortie.

De nombreuses recherches ont été faites dans le but de déterminer théoriquement les valeurs convenant le mieux aux propulseurs pour appareils d'aviation. MM. Breguet et Drzewiecki, entre autres, ont avancé des chiffres permettant d'asseoir une première discussion. D'autre part, les conclusions tirées de nombreuses expériences ont un intérêt pratique car, en les appliquant aux hélices ayant procuré de bons résultats à bord des aéroplanes, on trouve que ces propulseurs sont encore loin d'atteindre le maximum de rendement indiqué par la théorie, ce qui donne lieu de penser que les appareils volants de l'avenir pourront voler plus économiquement, avec une moindre dépense de force motrice que les systèmes actuels.

Qu'entend-on par « recul de l'hélice? »

Une cause importante de diminution du rendement des hélices est le *recul* qui consiste dans la différence existant entre le *pas* théorique et le chemin réellement parcouru par l'hélice pendant une révolution complète autour de son axe. Ces pertes ont été reconnues depuis longtemps pour les hélices marines, et on les évalue dans ce cas à 1 dixième environ c'est-à-dire qu'une hélice ayant un pas de 1 mètre par exemple, ne parcourra en réalité que 90 centimètres par tour Pour les hélices aériennes, le recul peut être plus ou moins grand, quelque parfaite que soit leur fabrication, et il dépend de l'application qui est faite de ce propulseur, car une hélice donnée peut convenir plus ou moins bien à l'appareil sur lequel on la monte Ainsi, par comparaison, l'hélice qui donne un excellent résultat sur un canot de tonnage minime, ne conviendrait nullement à un bateau de course rapide ou à une lourde embarcation. Il y a là une question d'appropriation du propulseur au véhicule, et le diamètre comme le pas d'une hélice doivent être déterminés d'après les dimensions et le poids de l'appareil à déplacer. Une hélice trop petite devrait tourner excessivement vite pour donner l'effort et la vitesse dont on a besoin, mais alors l'air, qui est, il ne faut pas l'oublier, un fluide excessivement mobile, fuit sous les palettes qui le brassent, et il se produit un vide partiel, analogue au phénomène de la *cavitation* observé avec les hélices marines tournant à grande vitesse sous la commande des turbines à vapeur avec lesquelles elles sont directement accouplées, et qui tournent à un régime très élevé. Le point d'appui se dérobe d'autant plus que la rotation est plus rapide; l'hélice agit alors comme le moulinet d'un ventilateur, et l'air, refoulé en pure perte à la périphérie, donne naissance à un recul d'autant plus considérable que la colonne d'air déplacée présente une base plus étroite. Au contraire, si cette colonne présente une large surface, elle offre au propulseur un point d'appui beaucoup plus résistant, et il en résulte une moindre perte de travail.

En résumé, un principe se dégage de ces considérations, c'est qu'une hélice aérienne doit présenter un diamètre relativement grand et tourner à une allure modérée pour agir plus efficacement sur l'air, aussi est-ce pourquoi les aéronats emploient des hélices de grand diamètre, tournant relativement lentement, et fournissant un rendement supérieur, le recul étant moindre, que les hélices d'aéroplanes, calées directement sur l'arbre du moteur et tournant beaucoup plus rapidement.

L'expérience seule permet de déterminer si une hélice donnant de bons résultats au point fixe, ce qui démontre que sa construction est réussie, convient à l'appareil auquel on la destine. Cependant il est indispensable d'étudier tous les éléments de cet organe de première importance, et après avoir déterminé ce rapport entre le pas et l'avancement que l'on nomme recul, proportionner le poids et la grandeur à l'effort que l'on veut obtenir, et pour cela il faut avoir des instruments d'essai permettant de connaître ces valeurs.

Comment essaie-t-on une hélice ?

Pendant son mouvement de rotation une hélice déplace l'air, elle l'aspire par sa face avant et le refoule par sa face arrière. Suivant l'emplacement occupé par rapport à elle par le mobile qu'elle doit entraîner, elle agit soit par traction soit par poussée. Lorsque cet organe est convenablement construit il est facile de constater que l'effet d'aspiration se produit non seulement en avant et sur les côtés des ailes ou palettes, mais encore sur toute leur périphérie et même sur le côté du plan de rotation. Le refoulement s'opère en arrière, et la colonne d'air chassée présente la forme d'un cylindre allant en s'élevant progressivement à mesure qu'on s'éloigne de l'hélice.

On a souvent reproché à l'hélice d'être un transformateur d'énergie défectueux, ne rendant sous forme d'effort de traction qu'une très petite partie du travail dépensé à la faire tourner. C'est là, la plupart du temps, une erreur d'appréciation ou la preuve d'une construction ou d'une appropriation défectueuse de ce genre de propulseur.

L'essai « au point fixe » d'une hélice aérienne quelconque ne peut donner qu'une idée approximative de son rendement, puisque l'organe ainsi essayé demeure en place au lieu d'avancer de toute la longueur de son pas à chacune de ses révolutions. D'autre part, on ne peut comparer un travail s'exprimant en kilogrammètres avec un effort purement statique et dont l'importance est évaluée en kilogrammes. Il faut, pour être exact, multiplier cet effort par le chemin parcouru par son point d'application, c'est-à-dire par la longueur de la trajectoire parcourue pendant l'unité de temps, et interpréter les résultats fournis en adoptant le raisonnement suivant :

Supposons une hélice d'un diamètre quelconque, dont les ailes ou pales sont disposées de telle sorte qu'elle avance à chaque tour complet, de 3 mètres par exemple, dans le milieu où elle se déplace, ce qui correspond exactement au pas de cette hélice, et que la quantité de travail dépensée soit de 375 kilogrammètres par seconde, ou 5 chevaux. la vitesse de rotation étant de 3 tours et demi pendant cette même unité de temps. Si, au cours de l'expérience, l'effort de traction dans le sens de l'arbre a été mesuré de 20 kilogrammes, le travail réel produit par cette hélice aura été de : 20 kil. $\times$ 3 m. $\times$ 3,5 tours ou 10 m. 50 = 210 kilogrammètres.

Au lieu de n'envisager que la poussée exercée en un point fixe et évaluer le rendement à 20 : 375 = 18 p. 100, il faut considérer que, si en réalité l'hélice n'a pas avancé de 10 m. 50 pendant que le moteur dépensait 375 kilogrammètres, l'effort n'en a pas moins duré pendant ce temps, et le travail recueilli est de 210 kilogrammètres, c'est-à-dire égal aux 5/9 de la puissance fournie. La traction est mesurée au dynamomètre ; quant à l'autre facteur représentant le travail, il a été dissipé par le refoulement de la colonne d'air en arrière du plan de rotation de l'hélice, et c'est pourquoi il n'est pas sensible et que, par une fausse interprétation des faits, les expérimentateurs considèrent à tort l'hélice comme un mauvais transformateur de travail.

Si, par un procédé quelconque, sans changer la quantité de travail fournie par le moteur, en modifiant la forme ou le pas de l'hélice, l'effort de traction se trouvait augmenté et porté par exemple de 20 à 25 kilogrammes, il ne faudrait pas se hâter de conclure que le rendement s'est accru, car il se pourrait que l'autre facteur du travail, celui représentant le chemin parcouru, se soit trouvé également modifié, mais en sens inverse, et qu'il ne fût plus que 7 m. 50 au lieu de

10 m. 50 par seconde, par suite de la résistance plus grande opposée à la rotation, et telle que le nombre de tours ne soit plus que de 2 et demi au lieu de trois et demi dans l'unité de temps. Dans ce cas, le rendement sera :
25 kilogrammes $\times$ 3 mètres $\times$ 2,5 = 187 kilogrammètres.

Dans le premier cas, le rendement de l'hélice était de 61 p. 100; dans le second il n'est plus que de 50 p. 100, soit une perte de 11 p. 100, bien que l'effort de traction ait augmenté.

Existe-t-il des appareils d'essai d'hélices?

Depuis que l'importance de ces questions est reconnue par les techniciens, on a combiné des appareils d'essai d'hélices, sortes de balances dynamométriques dont le modèle le plus connu est celui dont s'est servi feu le colonel Renard dans ses recherches. Tout récemment la Compagnie anglaise Vickers, de Barrow-in-Furness, qui s'est spécialisée dans les questions d'aviation, a établi un appareil qui permet de solutionner plusieurs problèmes.

. MM. Vickers ont été amenés à créer le nouvel appareillage dont nous allons donner la description, à la suite d'une importante commande de ballons dirigeables qui leur a été faite par la marine britannique. Leur installation étant la seule existante actuellement en Angleterre, ils ont voulu la doter de tous les perfectionnements modernes et n'ont pas hésité à en laisser la libre disposition à tous les ingénieurs ou constructeurs d'aéronats.

Tel que le montre la figure 54, le dispositif se compose d'une poutre horizontale équilibrée en cantilever sur un pylône central en fonte, autour duquel elle peut tourner librement. Cette poutre, ou mieux ce tablier métallique, est constitué par deux longerons de 50 mètres, très solidement entretoisés. Le bras en porte-à-faux, à l'extrémité duquel est montée l'hélice qu'il s'agit d'essayer, mesure 33 m. 20 de long.

Au centre de la plate-forme mobile se trouve une vaste cabine contenant un moteur électrique de cent chevaux et les divers instruments de contrôle et d'enregistrement automatique nécessaires dans ces sortes d'expériences. De même que le tablier sur lequel elle repose, elle participe au mouvement de rotation de l'ensemble du système autour de la colonne centrale. Ce mouvement est facilité par une série de galets et de roulements à billes, et surtout par le

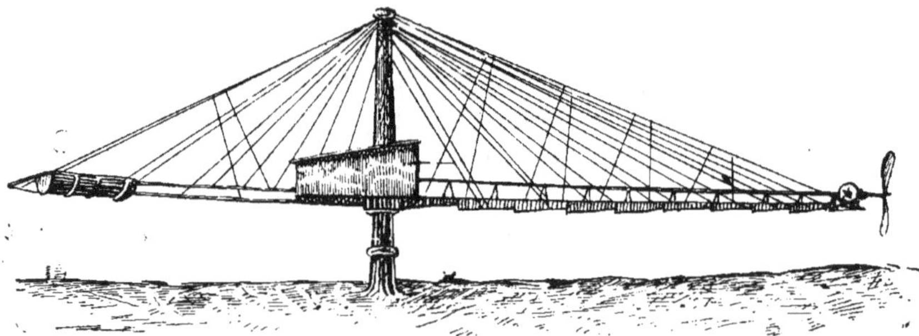

Fig. 54. — Appareil d'essai d'hélices.

parfait équilibrage des différentes parties de l'appareil, que des câbles d'acier, à tension variable, relient au sommet du pylône.

Ainsi que nous l'avons déjà dit, le plus long bras du cantilever porte à son extrémité le dispositif d'essai du propulseur. C'est un double pignon d'engrenage oblique, avec démultiplicateur et fusée horizontale, sur laquelle on monte l'hélice. Cette dernière reçoit le mouvement du moteur par l'intermédiaire d'un arbre longitudinal courant parallèlement aux longerons du tablier.

A l'autre bout de l'appareil on peut voir un réservoir en tôle de fer, que l'on remplit plus ou moins de ballast, de manière à régler constamment l'équilibre du système suivant le nombre des opérateurs dans la cabine, suivant la force du vent et le poids de l'hélice étudiée.

Celle-ci peut tourner à toutes les vitesses comprises entre 400 et 1.100 tours à la minute. La vitesse maxima de translation n'est pas inférieure à 70 milles, autrement dit près de 113 kilomètres à l'heure. Un enregistreur spécial, très délicatement agencé, permet de calculer à 1 p. 100 près la poussée du vent sur le propulseur, poussée qui atteint jusqu'à 225 kilogrammes. Enfin, l'engrenage étant réversible, il est aussi aisé d'essayer l'hélice pour la marche arrière que pour la marche avant.

Pour remédier aux inconvénients de l'essai au point fixe et faire ses essais en pleine marche, M. Chauvière, se sert d'une voiture automobile dynamométrique, munie d'enregistreurs spéciaux, automobile inventée par lui, qui lui permet d'effectuer des mesures de rendement qui, pour l'hélice « Intégrale » atteignent 70 à 75 p. 100, avec une vitesse périphérique de 100, 150 et même 200 mètres par seconde et des poussées de 50 à 250 kilogrammes.

Quel doit être le pas d'une hélice d'aéroplane?

En ce qui concerne la détermination du pas plus convenable à donner à un propulseur d'aéroplane, si l'on prend comme point de départ les remarques faites au sujet des hélices marines, on verra que le résultat maximum est obtenu lorsque le pas est égal à une fois un tiers de diamètre. Les bases précises manquent encore un peu pour les hélices aériennes, et cette loi serait à vérifier, mais il semble qu'il faut se tenir aux alentours de ce rapport, qui doit osciller entre 2 tiers du diamètre et 1 fois et demie ce diamètre. Dans un souci de simplicité et le désir d'alléger l'appareil, plusieurs constructeurs ont supprimé les volants du moteur à essence, et ils ont monté l'hélice directement sur l'arbre de celui-ci, mais alors, les pales, du fait de la grande vitesse qui donne naissance à une force centrifuge considérable, subissent un violent effort qui tend à les arracher du moyeu. L'accident s'est même produit, on s'en souvient, et a eu des conséquences désastreuses.

Il est donc préférable, selon plusieurs techniciens, de diminuer le travail auquel les pales sont soumises, en diminuant le nombre de tours par seconde; on peut, par cette amélioration. avoir des hélices de diamètre et de pas plus grands et possédant un meilleur rendement. Avec un embrayage automatique, en prise seulement lorsque l'hélice travaille, il est possible, si une panne de moteur vient à se produire, de continuer normalement le vol en planant et choisir le point d'atterrissage, chose des plus aléatoires avec une hélice constamment embrayée constituant un frein énergique et absorbant rapidement la vitesse acquise de l'aéroplane qui détermine sa chute, car un aéroplane dénué de toute vitesse horizontale doit forcément s'abattre.

Combien de pales une hélice doit-elle posséder et quelles doivent être leurs dimensions?

La question du nombre d'ailes ou pales que doit posséder une hélice propulsive est depuis longtemps résolue par nombre d'expériences, dont les premières remontent à Venham en 1866. Lorsqu'on donne à une hélice un grand nombre de pales et qu'on observe ce qui se passe pendant la rotation, on constate que la colonne d'air déplacée par une pale cause un vide partiel et que la pale qui arrive ensuite ne trouve plus un point d'appui suffisant, tandis que les résistances passives dues au mouvement des palettes et au frottement de l'air augmentent d'autant plus que l'hélice compte davantage d'ailes. Si, pour une hélice donnée comportant quatre ou six ailes, on mesure le rendement fourni, on s'aperçoit que le rendement, à dépense égale de travail, augmente à mesure que l'on supprime des ailes jusqu'à ce qu'il n'en reste plus que deux, moment où le rendement est maximum.

Quant à la largeur des pales, cette question présente une certaine importance. Trop étroites, ces pales ne trouveraient pas sur l'air un appui suffisant; trop larges, les frottements nuisibles au rendement se trouveraient exagérés. La fraction du pas total, autrement dit la longueur d'avant en arrière et qui détermine la largeur des pales, doit être environ le dixième du pas. Il y a même avantage à réduire cette longueur vers l'extrémité de la pale jusqu'au 1/15 ou au 1/18; la surface d'appui est encore très suffisante, et l'on a moins à redouter l'influence nuisible des résistances passives. En ce qui concerne le *creux* à donner aux palettes, il est avantageux, à la condition de ne pas dépasser une certaine limite qui oscille aux environs de 1/50 pour la flèche de la corde représentée par la courbure qui, au bord d'attaque, est tangente à la trajectoire décrite. On peut encore, ainsi que cela se pratique pour les hélices marines, faire le pas légèrement croissant du centre à la périphérie et faire les palettes pleines d'un bout à l'autre de leur longueur; mais alors il est nécessaire de connaître, au moins approximativement, la valeur du recul.

Quel est l'emplacement donné aux propulseurs d'aéroplanes?

Lorsque l'aéroplane ne comporte qu'une seule hélice, disposée à l'avant ou à l'arrière, il se produit un couple de renversement qui tend à incliner transversalement l'appareil dans le sens de la rotation. Pour éviter cette inclinaison, on peut recourir à un moyen très simple employé par Pénaud dans ses petits modèles et qui consiste à lester l'extrémité de l'aile ou du plan de sustention qui tend à se relever. L'équilibre latéral est ainsi conservé.

On a abandonné l'idée des hélices jumelles tournant en sens inverse l'une de l'autre et placées à droite et à gauche à l'avant de l'aéroplane, de même que celle consistant à disposer ces hélices dans l'axe de l'appareil, l'une à l'avant, l'autre à l'arrière, et on n'en conserve qu'une seule agissant par traction dans les monoplans, et par poussée dans les biplans. Seul, le flyer Wright possédait deux hélices tournant en sens inverse et travaillant à la poussée.

Lorsque l'hélice est placée à l'arrière et pousse les plans sustenteurs au lieu de les tirer derrière elle en se vissant dans l'air, on constate un recul considérable. Le rendement utile sera d'autant meilleur que l'hélice se trouvera mieux dégagée sur ses deux faces, de manière à aspirer librement et refouler l'air derrière elle.

Pour que l'équilibre longitudinal de l'aéroplane ne soit pas troublé par le fonctionnement du propulseur, il faut que sa poussée s'exerce à la hauteur du centre de résistance. Si cet effort se produisait en un point plus élevé que le centre, l'appareil tendrait à s'incliner par sa pointe avant et à piquer du nez comme un cerf-volant. Si au contraire l'effort avait lieu en un point situé trop en-dessous de ce même centre, on aurait un effet inverse ; l'avant se redresserait et la machine aurait tendance à se cabrer. Dans les deux cas, les plans stabilisateurs ou le gouvernail de profondeur devraient agir pour rétablir l'équilibre, mais en créant une nouvelle résistance à l'avancement. Si l'emplacement de l'hélice était même très distant de ce centre (en dessus ou en dessous), il se pourrait que les gouvernails ou stabilisateurs fussent insuffisants et que l'équilibre longitudinal fût impossible à conserver.

Comment résumer la construction des hélices.

Les hélices pour aéroplanes sont en bois ou en métal. Ader a même employé la plume pour les propulseurs de son *avion*, et nous devons en dire quelques mots ici. Ces hélices, qui semblent, au premier abord, n'être qu'un effort maladroit vers le propulseur moderne, appliquent en réalité des principes très rationnels, La pale, en effet, en imitant la plume, a le grand avantage de la légèreté, et la tige qui porte cette pale a, par la même forme de l'aile, une seconde qualité qui est de voir coïncider sur elle à la fois le centre de pression et le centre de gravité, condition que l'on recherche dans le but d'éviter la force centrifuge, la trépidation et la déformation.

De plus, ces hélices sont non seulement à pas variable, mais la variabilité de ce pas est proportionnelle à l'effort du moteur. C'est l'hélice à pas variable automatique que l'on cherche encore maintenant à réaliser, et sans laquelle la machine volante, ou mieux glissante, ne dépassera guère la vitesse de 120 à 150 kilomètres à l'heure, ce qui n'est pas encore un maximum, ni au gré des pilotes ni en comparaison avec le vol des oiseaux. On peut ajouter que les études récentes sur les hélices ont appris que ce propulseur ne doit pas être un hélicoïde ni même un paraboloïde hyperbolique, mais une espèce de paraboloïde à surface creuse et arquée n'ayant avec l'hélicoïde qu'un seul point de commun qui est le pas. Or, les ailes de l'hélice d'Ader ont rigoureusement cette forme, avec la condition dernière et parfaitement conçue de charger le bras vers le centre à la suite de deux dispositions : l'augmentation de la courbure vers le centre et l'effilement des extrémités des pales. On doit reconnaître en définitive qu'une étude logique des oiseaux et des chauves-souris a conduit Ader au résultat merveilleux de prévoir trente ans d'avance les résultats auxquels l'expérience a amené les inventeurs.

Les hélices des premiers biplans étaient faites d'un moyeu et de pales en acier mince, mais devant les inconvénients que présente l'usage du métal on préfère employer des hélices entièrement construites en bois. Telles sont les remarquables spécimens établis par M. l'ingénieur Chauvière et connus sous le nom d'hélices « intégrales ». Ces hélices sont, suivant leur diamètre, soit en bois massif, dont le fil est dans un même sens sur toute la longueur de l'aile, soit en bois profilés, assemblés par superposition également selon le fil du bois, d'une extrémité à l'autre et collés avec une colle insoluble. Cette disposition permet de ne craindre aucune déformation pendant la durée du service, et la force centrifuge n'a aucune action nuisible sur les pales, quelle que soit leur surface.

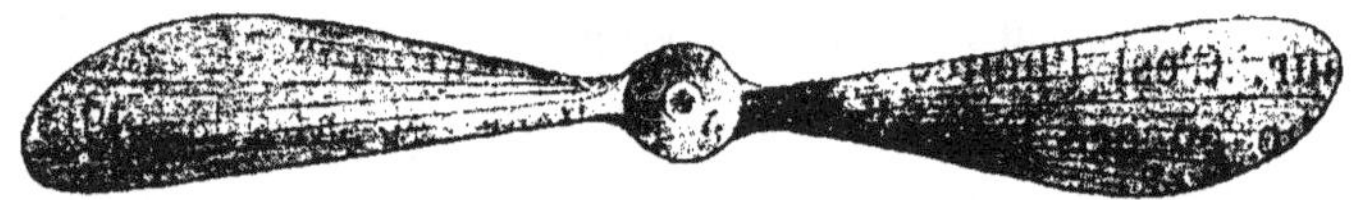

Fig. 55. — Hélice Intégrale Chauvière.

La légèreté des hélices « Intégrales » est remarquable : un propulseur de ce genre de 3 mètres de diamètre, ne pèse que 5 à 6 kilogrammes au plus et permet d'obtenir des poussées de 50 à 200 kilogrammes suivant le pas adopté. Il est possible, et c'est même là un avantage qui n'est pas à dédaigner, de modifier après les essais préliminaires, soit la forme ou la surface, soit légèrement la courbe primitive, de façon à obtenir la traction et le nombre de tours que l'on désire, modifications ordinairement très difficiles à apporter aux hélices en acier.

Quels sont les avantages des hélices en bois ?

Le mode de construction usité pour les propulseurs en bois permet de donner aux pièces tous les profils nécessaires ; un bon vernissage au tampon les assure contre les intempéries, les rend brillantes et ramène au minimum l'influence des résistances passives dues au frottement de l'air, par conséquent économise la force motrice dépensée, à vaincre ces résistances. En ce qui concerne la résistance à la traction, elle est, pour une éprouvette d'un poids donné, double de celle des meilleurs aciers au nickel. La résistance à la déformation est plus grande encore, en raison des moments d'inertie qui croissent avec le carré des épaisseurs. Or, la faible densité du bois permet d'employer sans inconvénient d'assez grandes épaisseurs sans augmentation de poids très sensible. L'accroissement de l'épaisseur se fait progressivement d'un bord à l'autre de l'hélice, tandis qu'elle se fait brusquement avec les propulseurs en métal, ce qui a le défaut de donner naissance à des remous nuisibles. Le rendement des hélices en bois est donc plus élevé de ce fait. Enfin celles-ci ont sur les autres la grande qualité d'une plus haute sécurité en cas de rupture subite Alors que les pales métalliques qui se détachent de leur moyeu constituent, vu la vitesse et la force vive dont ils sont animés, de véritables projectiles susceptibles de causer les plus grands dégâts à tout ce qu'ils peuvent rencontrer, les éclats de bois arrachés, à la suite d'un accident quelconque, au corps de l'hélice, ne possèdent, en raison de leur faible densité, qu'une force vive insignifiante. Les fragments tourbillonnent sur eux-mêmes et retombent sur place, par suite de leur peu de poids comparé à leur volume.

Le constructeur des hélices « Intégrales » a publié les chiffres suivants relatifs à ses modèles.

	Diamètre	Pas	Poussée	Travail
Hélices de . . .	1 m. 80	0 m. 70	$0,125^{m2}$	0.08
— . . .	2 m. 30	1 m. 15	0,43	0,04
— . . .	3 m. 00	2 m. 50	1,80	3,09
— . . .	5 m. 00	3 m. 80	9,05	35,00

On peut dire en résumé que l'étude mathématique et pratique des hélices aériennes a fait de sérieux progrès, surtout depuis que la preuve a été administrée de la nécessité de donner à ces appareils les dispositions les plus convenables pour assurer la sustension et la progression des aéroplanes. L'hélice présente une importance considérable, et son agencement rationnel peut fournir des résultats de première importance. Elle doit donc être étudiée scrupuleusement et non fabriquée empiriquement d'après des modèles plus ou moins convenables à l'application nouvelle que l'on veut réaliser. De cette façon, et en installant ce propulseur à l'endroit exact, l'aéroplane sera doté de la vitesse maximum que son moteur peut lui communiquer, et, les résistances passives étant diminuées, le rendement atteindra le chiffre le plus élevé qui puisse être atteint avec ce propulseur.

CHAPITRE VII

L'AVIATION PAR L'HÉLICOPTÈRE ET PAR L'ORNITHOPTÈRE

Qu'est-ce qu'un hélicoptère?

En principe, un hélicoptère se compose d'un groupe d'hélices horizontales procurant la sustention et d'un groupe d'hélice propulsives. Les hélices sustentrices, généralement au nombre de deux, ont un axe géométrique de rotation commun et elles tournent en sens inverse l'une de l'autre, de façon à annuler le couple de giration qui entraînerait l'appareil et le ferait pivoter sur lui-même en même temps que son sustenteur. Le déplacement dans le sens horizontal est obtenu, comme dans les aéroplanes, au moyen d'une ou deux hélices propulsives.

La complication et l'extrême difficulté de la réalisation de ce système proviennent de la combinaison de toutes ces hélices et du manque d'équilibre inhérent à une machine où l'on est obligé d'employer un dispositif analogue pour obtenir deux actions essentiellement différentes. En effet, pour avoir le maximum de force portante avec un sustenteur hélicoptère, il faut que celui-ci soit de grande dimension, tourne lentement et avance peu ; d'autre part, pour obtenir une progression rapide, il faut imprimer une grande vitesse de rotation à l'hélice propulsive. On aura donc vraisemblablement besoin de deux moteurs ; de là, surcharge considérable et généralement impossibilité absolue de s'enlever.

Un autre dispositif consiste bien à incliner tout le système et, au lieu d'avoir deux groupes d'hélices à axes rectangulaires, à n'en avoir qu'un dont l'axe est orienté sensiblement suivant la diagonale du rectangle, et dans lequel les hélices servent à la fois à la sustention et à la propulsion.

Les premiers hélicoptéristes n'ont pas cherché tout d'abord à résoudre le problème du déplacement horizontal, ils se sont contentés d'étudier l'hélice sustentrice et de rechercher quel parti l'on pouvait en tirer pour remplacer ainsi, par un moyen dynamique, le mode statique, usité jusqu'alors, d'un gaz plus léger que l'air.

Nous avons expliqué dans le chapitre II par quelles étapes successives a passé la question de l'hélicoptère, depuis Launoy et Bienvenu en 1784 jusqu'à l'ingénieur Paul Cornu, de nos jours et en passant par Ponton d'Amécourt et Nadar, Castel, Forlanini, Dufaux. Aucun de ces essais n'a fourni, comme on le sait, de résultats définitifs.

A quelles causes sont donc imputables ces difficultés de réalisation qui semblent insurmontables dans l'état actuel de la science?

En aérodynamique, on démontre qu'un plan se mouvant orthogonalement a un rendement excessivement faible, en raison de la petitesse du coefficient K de résistance de l'air (environ 0,08 d'après Eiffel), et que si les oiseaux utilisaient uniquement une telle sustention qui est la sustention orthoptère, ils ne pourraient pas voler. En outre, un appareil fondé sur ce principe exigerait un moteur d'une force considérable, et des surfaces portantes de dimensions colossales.

Or, on désigne sous le nom de qualié sustentrice, le rapport $Q = \dfrac{\frac{P'}{S'}}{\frac{P}{S}}$ des charges par mètre carré des surfaces S et S' supportant les poids P et P'; $\dfrac{P}{S}$ se rapportant au sustenteur orthoptère et $\dfrac{P'}{S'}$ au sustenteur à l'étude. Le colonel Renard (1), à qui sont dues ces notions, a établi que la qualité sustentrice d'une hélice ne serait jamais supérieure à 6, chiffre dont il ne peut se rapprocher, même de loin dans la pratique, puisque la meilleure des hélices qu'il ait étudiée avait une qualité de 1,14. C'est-à-dire qu'elle était 1.14 fois meilleure que le plan orthogonal ayant pour surface le cercle balayé par ses ailes. Un terme de comparaison nous montrera quelle défectuosité est celle de l'hélice sustentrice; on calcule en effet que la qualité du biplan dont s'est servi en 1896, l'Américain Chanute, pour ses expériences de planeur, est de 40; c'est-à-dire qu'avec une charge de 20 kilogrammes par mètre carré on ne dépense pas plus de travail pour propulser cet appareil que pour actionner un appareil ornithoptère de même poids dont la charge par mètre carré est de 50 grammes (2).

Le colonel Ch. Renard a établi (3) la formule suivante : « Le maximum de ce que peut supporter en l'air une hélice à axe vertical est proportionnel à la troisième puissance de la qualité, en raison inverse de la sixième puissance du poids par cheval du moteur et en raison inverse de la deuxième puissance du poids d'une hélice du même type

(1) Commandant Renard, *L'Aviation.*
(2) *Le Navire aérien*, par le professeur Marchis.
(3) Commandant Renard, *op. cit.*

d'un mètre de diamètre. » En calculant d'après ces éléments, on trouve qu'avec des moteurs pesant :

10 kilogrammes par cheval, on peut enlever 160 grammes par cheval ;

5 kilogrammes par cheval, on peut enlever 10 kilogrammes 300 par cheval.

3 kilogrammes par cheval, on peut enlever 220 kilogrammes par cheval.

2 kilogrammes par cheval, on peut enlever 2.500 kilogrammes par cheval.

D'après le savant cité, on voit qu'en diminuant le poids des moteurs, on peut réaliser l'enlèvement de corps graves au moyen d'hélices à axe vertical. Sans vouloir entrer dans la discussion de ces chiffres fort contestés, on peut remarquer qu'avec les moteurs pesant 3 kilogrammes par cheval existant aujourd'hui, on pourrait enlever 220 kilogrammes, mais ainsi que l'a fait remarquer le capitaine Voyer, le moteur devrait développer 440 chevaux et dépenserait 180 kilogrammes de combustible par heure. De plus, il exigerait une légèreté de bâti et de transmission irréalisable dans l'état actuel de l'industrie. On voit donc combien semble difficile et précaire la réalisation du problème de la sustention dynamique des corps au moyen d'hélicoptères.

Quelles sont les tentatives les plus récentes de navigation aérienne au moyen d'hélicoptères ?

En 1905, les frères Dufaux, de Genève, ont présenté à l'*Aéro-Club* de France un hélicoptère composé de deux paires d'hélices de 2 mètres de diamètre, situées de part et d'autre d'un moteur de 3 chevaux disposé sur un bâti métallique de forme oblongue. Les hélices d'une même paire tournaient dans le même sens, mais les deux paires tournaient en sens contraire. Avec une vitesse de rotation des hélices de 250 tours à la minute, cet appareil enlevait un poids utile maximum de 6 kil. 500.

En 1907, M. l'ingénieur Cornu a établi une machine possédant un dispositif de plans mobiles permettant un déplacement latéral, tandis que la sustention est obtenue au moyen d'ailes planantes giratoires qui sont de véritables hélices.

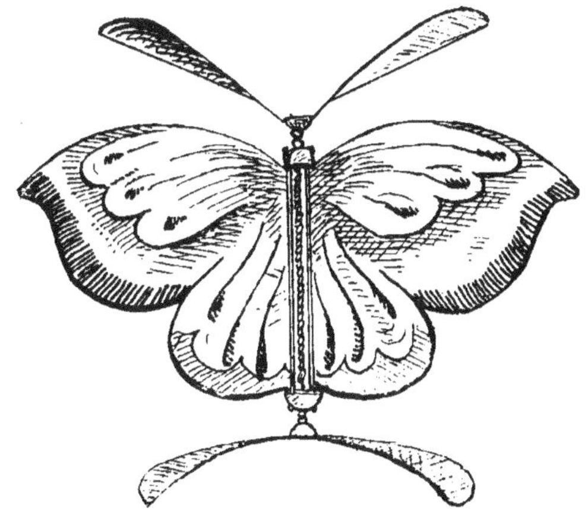

Fig. 56. — Papillon volant à deux hélices. (Hélicoptère de démonstration.)

Cette machine s'est, paraît-il, enlevée au-dessus du sol, portant son conducteur, mais son bâti, trop faible, se disloqua.

Le gyroplane Breguet essayé en 1909, tenait à la fois de l'hélicoptère et de l'aéroplane. Assez grand pour porter un homme, cet appareil s'enleva à 4 mètres de hauteur, mais se brisa en retombant sur le sol. Le même inventeur a préconisé pour l'enlèvement les hélices à axe vertical, mais, pour la propulsion, il s'est borné à incliner l'axe de ces hélices selon un angle de 30 degrés environ par rapport à la verticale. L'équilibre de ce mécanisme a paru très difficile à réaliser.

Une opinion assez répandue, est qu'en combinant l'hélicoptère à l'aéroplane, on pourrait créer une machine aérienne mixte dans laquelle les difficultés du lancement seraient évitées. On emploierait les hélices horizontales pour produire l'ascension et quitter le sol, puis, une fois à la hauteur désirée, on utiliserait pour la progression les hélices

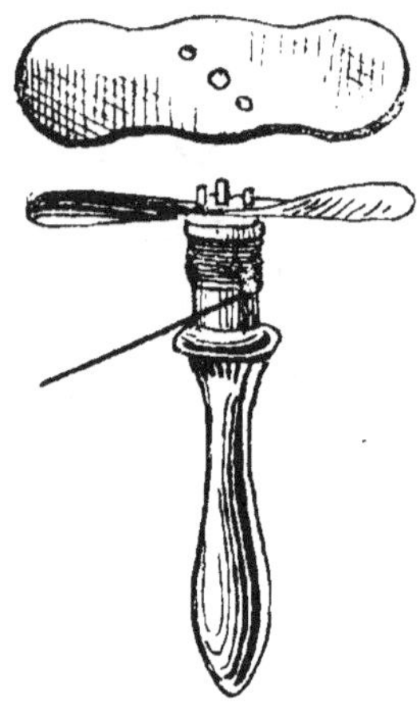

Fig. 57. — Strophéor (jouet).

propulsives en même temps que la réaction de l'air sur les surfaces de sustention de l'aéroplane. Cette idée présente un côté séduisant capable de tenter l'esprit des inventeurs ; c'est peut-être la solution définitive du problème de la locomotion aérienne.

Existe-t-il des procédés d'aviation autres que l'aéroplane et l'hélicoptère ?

Oui, il est encore une solution qui a rallié de nombreux adeptes non moins convaincus et enthousiastes que les partisans du cerf-volant à moteur et de l'hélice ascensionnelle. Cette solution, c'est l'aile battante rappelant de près ou de loin le vol des oiseaux, et constituant l'organe essentiel de l'appareil nommé *orthoptère* ou *ornithoptère*. L'aile battante à mouvement alternatif, semble, à de nombreux bons esprits, être capable de constituer un propulseur bien supérieur à l'hélice à mouvement circulaire continu, mais il faut reconnaître qu'on n'a pu encore obtenir de résultats définitifs, et encore inférieurs à ce que donne l'hélice, avec les ailes battantes. Mais rien ne dit que ce qui n'est encore qu'une théorie ne sera pas réalisé dans un prochain avenir.

De nombreux chercheurs ont cru et croient encore, malgré le triomphe de la machine glissante constituée par l'aéroplane, que la locomotion aérienne, pour devenir pratique, doit copier ou tout au moins s'inspirer de ce que l'on voit dans la nature, par conséquent du vol des oiseaux, et c'est pourquoi de nombreuses théories ont été échafaudées à ce sujet et il est nécessaire de donner au moins une explication sommaire.

Quelles sont les théories émises au sujet du vol des oiseaux ?

Les théories relatives au mode de progression employé par les animaux volants sont nombreuses et complexes. Des savants estimés, tels que les professeurs Langley et Marey, Mouillard, Soreau, Goupil, etc , ont donné des explications plus ou moins exactes sur les diverses manœuvres pratiquées par les volateurs animés. Il ressort de ce qu'ils ont publié, que l'homme n'aurait pas avantage à plagier servilement la nature. La locomotive ne rappelle en rien le cheval, ni le navire à vapeur le poisson, et on peut arriver au but entrevu par des moyens tout différents de ceux que les animaux emploient pour se déplacer sur terre, dans l'eau ou dans l'air L'hélice a un rendement économique supérieur à celui de l'aile alternative, et c'est parce qu'il a paru plus facile de construire et commander mécaniquement un organe doué d'un mouvement circulaire qu'un autre à mouvement alternatif, que l'on a souvent préféré l'hélice à l'aile.

D'ailleurs l'oiseau est un aviateur naturel véritablement inimitable et qui pratique l'aviation d'une toute autre manière que l'homme est parvenu à le faire jusqu'à présent.

Plus lourd que l'air, l'oiseau s'y maintient en utilisant la résistance de cet élément au mouvement, résistance proportionnelle à la surface mobile, et qui augmente comme le carré de la vitesse.

L'oiseau offre à l'air de très grandes surfaces sustentatrices, appelées ailes, qui sont à la fois deux organes différents : *organe équilibreur* et *organe directeur*. Leur queue et des mouvements complexes de leurs ailes, en frappant l'air pris comme point d'appui, leur permettent de se propulser.

On peut diviser le vol des oiseaux en trois manières qui sont distinctes : le *vol ramé*, le *vol plané* et le *vol à la voile*. L'oiseau prenant son vol dans les airs, se soutenant et se déplaçant à son gré au moyen de battements, pratique le *vol ramé*. Quand l'oiseau, lancé à grande vitesse, cesse de battre des ailes, les étend sur toute leur surface, et glisse sur l'air, il pratique de ce fait le *vol plané*, et sans aucun souci de sa direction ; cette partie de son vol a la plus grande ressemblance avec celui de l'aéroplane.

Certains grands oiseaux, qu'il est facile d'apercevoir sur les côtes, tels que l'albatros, la frégate, le goéland pratiquent sans efforts musculaires évidents le *vol à voile*.

Que fait alors l'oiseau ? Quand il sent augmenter la vitesse du vent, il déplace ses ailes dans leur plus grande étendue, se tourne face au vent, et ainsi se laisse emporter par lui, tantôt en ascension, tantôt en translation.

Le vent diminue-t-il d'intensité, l'oiseau se retourne, et se laisse glisser vent arrière ; en vertu de la vitesse et de la hauteur acquise il peut atteindre les plus grandes vitesses, en pratiquant le vol plané.

Quiconque a stationné quelque temps au bord de la mer n'a pas été sans admirer le curieux balancement de ces oiseaux qui se laissent bercer pendant de longs instants, sans donner un coup d'aile. Ils utilisent alors les variations de la vitesse du vent, sans avoir à faire d'effort musculaire autre que ceux qui leur sont nécessaires pour pouvoir de temps à autre se retourner.

Si les rafales sont successives, c'est-à-dire si les courants d'air se déplacent d'une façon plus ou moins brutale, par poussées brusques, l'oiseau pourra arriver à gagner dans le vent. Ces rafales existent au ras du sol comme dans les hauteurs les plus élevées de l'atmosphère, qui peut être comparée à la surface libre de l'océan, lequel est toujours parcouru par diverses séries d'ondes variant selon le mouvement des vagues. Ce « vol à voile » sera-t-il un jour possible à l'homme ?... Si les oiseaux de grande envergure le pratiquent aisément, rien ne s'oppose à ce qu'on puisse les imiter. Si l'on n'a pas cherché uniquement à résoudre le problème de l'aviation dans la copie du vol des oiseaux, c'est que l'on est parvenu à réaliser mécaniquement le mouvement de rotation qui a permis d'obtenir sur l'eau comme sur terre, et jusqu'à présent dans l'air, les plus grandes vitesses de déplacement, au moyen de dispositifs tournants : roues, turbines, hélices, etc., et on peut en conclure que ce qui donne satisfaction sur la terre et sur mer peut également être utilisable dans l'atmosphère. Il était donc logique que l'on cherchât la propulsion dans l'air à l'aide d'un organe tournant, bien que la question soit discutable de savoir si l'on ne peut trouver encore mieux par une reproduction mieux comprise des principes indiqués par la nature.

Comment s'opère le vol des oiseaux ?

Alors que l'aéroplane s'efforce de réaliser le vol plané,

les ornithoptères reproduisent le vol ramé dont on a l'exemple dans le pigeon et nombre d'autres oiseaux. Par ses procédés chronophotographiques, le professeur Marey a pu décomposer le vol ramé en ses phases successives : en prenant simultanément trois séries de clichés sur des plans orthogonaux, il a réussi à reconstituer les différentes poses de l'oiseau dans l'espace. Toute l'abaissée se fait, la voilure des ailes largement déployée. Au début, les ailes, d'abord verticales, descendent énergiquement à droite et à gauche et se portent en avant ; les rémiges de l'aile et de la queue s'étalent pour augmenter la surface de sustention, tandis que celles de l'avant-bras se placent perpendiculairement et s'appuient fortement les unes sur les autres de façon à constituer une voilure large et résistante. Elle a d'ailleurs besoin d'être forte, car la résistance de l'air devient bientôt assez violente pour provoquer sa torsion, qui est très visible lorsque les ailes traversent le plan horizontal ; quand elles ont franchi ce point, la torsion diminue, soit que leur vitesse se ralentisse, soit que les filets d'air suivent plus docilement la route qui leur est imposée. Les ailes, toujours étendues, continuent à se rapprocher et à se porter en avant ; on voit donc que, si la surface de sustention diminue, sa concavité, nettement dessinée par les ailes, le corps et la queue de l'oiseau, s'accentue de plus en plus, ce qui compense la diminution de surface. Avec certains oiseaux rameurs, il arrive qu'à l'essor, les ailes se rapprochent jusqu'au sommet.

La remontée se fait de façon que les rémiges cubitales et palmaires évitent de frapper l'air par leur face supérieure. Dès qu'elle commence, la main se replie par un mouvement d'avant en arrière. Sous la traction qui en résulte, les rémiges palmaires, étalées pendant la phase précédente, se rapprochent jusqu'à ce que leurs tuyaux se touchent ; la région carpienne forme alors un angle obtus très visible.

L'articulation du coude est également fermée et les rémiges cubitales se couchent sur l'avant-bras ; l'oiseau est alors comme encapuchonné. Après le reploiement général de l'aile, celle-ci se relève, la rotation des rémiges cubitales, commencées dans la phase précédente grâce à la traction que le reploiement de la main exerce sur les ligaments élastiques, s'accentue, et place franchement les plumes en lames de persiennes, puis, les articulations du poignet et du coude, fléchies jusque-là, s'étendent peu à peu.

Les lames de persiennes se rapprochent, et les ailes reviennent à leur position initiale, se relevant parfois jusqu'à se toucher avec un bruit que Virgile a comparé à celui des applaudissements. Dans les mouvements qui viennent d'être analysés, un point de l'aile décrit une sorte d'ovale par rapport au corps de l'oiseau.

« Quant à l'attitude de l'oiseau sur la trajectoire qu'il suit, Marey détermina approximativement, dans le cas du vol horizontal en ligne droite, le centre de gravité du corps, et il put constater que la trajectoire de ce point est sensiblement rectiligne. On conçoit d'ailleurs que, si les ailes sont relevées, le corps doit être au-dessous de l'horizontale décrite par le centre de gravité, et au-dessus quand elles sont abaissées. De même, on comprend que pendant l'abaissée, où les ailes se portent en avant, le corps s'incline de façon à relever la tête et qu'il y ait une inclinaison inverse pendant la remontée des ailes (1).

Quelle est la force qui serait nécessaire à un oiseau artificiel pour voler ?

Il paraît exagéré qu'il faille dépenser une puissance de 50 chevaux pour enlever un poids de 500 kilogrammes,

(1) Rodolphe Soreau. *Le problème général de la navigation aérienne*, p. 13.

mais l'emploi des kilogrammètres du cheval-animal n'est pas, en réalité, équivalent à celui du cheval-vapeur. L'exagération existe d'ailleurs des deux côtés. Du premier, elle provient d'une mauvaise application de la puissance, de l'autre, d'une mauvaise conception du kilogrammètre-animal, et il semble utile d'élucider ici la question.

Le kilogrammètre est une mesure précise. Un moteur à essence en fournira un certain nombre d'une manière continue ; il ne peut en développer davantage, mais il les développera en permanence. Un moteur de 50 chevaux donnera 50×75 kilogrammètres, mais il calera et s'arrêtera s'il faut lui en faire donner 60×75. Un cheval vivant, au contraire, peut bien fournir, s'il est fort, 75 kilogrammètres en moyenne, mais ce travail n'est plus constant. Au coup de collier il pourra tirer pendant quelques secondes de manière à produire un effort de 300 et même 350 kilogrammètres, mais par contre, à d'autres moments, il ne produira presque rien. Ainsi, au démarrage d'une charrette, il fera un effort cinq fois plus considérable que cette moyenne de 75 kilogrammètres ; à une descente il ne tirera plus, mais à la fin de la journée il aura fait peut-être sa moyenne de 75 kilogrammètres. Son travail est donc une moyenne d'efforts et de repos.

Le moteur à pétrole, qui n'a qu'une souplesse très limitée, doit, s'il est chargé de remplacer le cheval de trait, pour démarrer comme cet animal, être susceptible d'exercer la même force de traction à la même vitesse, c'est-à-dire de posséder 5 chevaux-vapeur sous peine d'être absolument insuffisant. Une fois le véhicule en marche, et en moyenne de route, 4 chevaux-vapeur sur 5 deviendront inutiles, mais peu importe ; ils sont indispensables par instants.

On pourrait croire que les données que nous exposons ici sont archi-connues de tout le monde, surtout à notre époque d'automobiles, où nous voyons le camion à deux chevaux vivants remplacé par des moteurs à pétrole de 10 à 12 chevaux, même pour des allures lentes. Il est donc certain qu'un appareil mécanique du poids d'un cheval doit, pour voler comme l'oiseau, posséder au moins un moteur de 6 chevaux-vapeur, et non de 1 cheval, comme l'ont dit certaines personnes. Et encore cette force serait-elle probablement insuffisante, car il est admis que les oiseaux sont non seulement proportionnellement plus vigoureux que les quadrupèdes, mais encore que les muscles moteurs des ailes, les pectoraux sont extraordinairement développés. Même quand ils planent sans faire le moindre mouvement, les grands oiseaux voiliers doivent dépenser un certain travail, car ils sont dans la position connue en gymnastique sous le nom de « bras de fer », et qui n'est à la portée que des vrais athlètes. Pour que ces animaux supportent, sans fatigue apparente, cette position pendant des journées entières, c'est qu'ils possèdent une force musculaire considérable par rapport à leur poids.

Il résulte de ces observations que, si l'on ajoute à cela le rendement de l'aile battante artificielle, lequel est, jusqu'à présent, assez médiocre, la force qu'un moteur devra fournir devra être au minimum de 10 à 12 chevaux-vapeur pour donner le résultat cherché, qui est le départ sur place et l'ascension verticale directe.

Comment comparer les moteurs d'aéroplanes et les moteurs d'ornithoptères ?

Étudions en premier lieu la puissance de traction des moteurs d'aéroplanes ; nous avons, pour cela, deux guides certains qui sont, d'une part, l'expérience, ensuite la connaissance des propriétés de l'hélice.

Un appareil pesant 500 kilogrammes prend son élan et vole à une vitesse moyenne de 70 kilomètres à l'heure avec un moteur de 50 chevaux et une hélice dont le pas à l'heure est de 100 kilomètres : c'est exactement là les conditions qui se rencontrent dans le biplan Voisin. La traction au point fixe peut atteindre 150 kilogrammes; nous savons qu'elle serait nulle à une vitesse de 100 kilomètres à l'heure. Tout restant constant pendant la marche, sauf l'angle d'attaque relatif de l'hélice, la courbe qui va représenter les tractions étant proportionnelle aux sinus de très petits angles, va être sensiblement une droite et l'hypothénuse d'un triangle rectangle dont un côté, l'axe des y, représente les vitesses; l'autre. l'axe des x, les efforts de traction et les puissances.

Nous voyons donc qu'à l'allure de 70 kilomètres à l'heure, l'hélice qui tirait 150 kilogrammes au point fixe ne peut plus tirer que 75 kilogrammes par exemple, ce qui correspond à une dépense d'environ 24 chevaux. 50 — 24 chevaux n'ont servi qu'à assurer le démarrage, et à faire prendre sur le sol la vitesse nécessaire pour l'envol; ils deviennent inutiles en cours de route. Si l'aéroplane avait été lancé dans les airs par une autre source d'énergie que le moteur et son hélice, un moteur de 24 chevaux, avec une hélice proportionnelle, lui eût parfaitement suffi. Ou bien encore, un moteur de cette même puissance avec une hélice dont le pas, ou plutôt l'angle d'attaque, eût pu croître en raison directe de la vitesse, eût logiquement été équivalent. C'est ce qu'avaient parfaitement compris les frères Wright, et leur procédé de départ et de lancement à l'aide d'une source d'énergie étrangère venant s'ajouter à celle des hélices, juste pendant cette période du vol, était théoriquement rationnel, et la preuve en est qu'un moteur de 28 chevaux suffisait pour assurer la permanence du vol du flyer Wright, alors que les mono-plans et biplans français qui prennent leur essor en roulant sur le sol, exigent la présence d'un moteur de 50 chevaux au moins avec une hélice appropriée. On peut donc en conclure qu'il y a en réalité, dans ces derniers, une application irrationnelle de la puissance.

Un cheval-vapeur pour un orthoptère pesant 500 kilogrammes serait donc, ainsi que nous l'avons montré dans la précédente réponse, tout à fait insuffisant, mais 50 chevaux pour un aéroplane de même poids sont exagérés. Mais, tandis qu'avec 12 chevaux-vapeur il est possible, théoriquement, de s'enlever du sol avec un orthoptère, il faut plus du double, et encore avec le secours d'une force étrangère additionnelle pour donner le départ à un aéroplane du même poids de 500 kilogrammes. La balance semble donc pencher du côté de l'aile active. Est-ce de ce côté qu'il faut maintenant chercher le progrès, sans toutefois nourrir l'espoir chimérique qu'il sera un jour possible à l'homme de s'élever dans l'espace et d'y circuler à son gré comme sur une route avec une motocyclette?

« Au-dessus de la formule algébrique, faussée par des coefficients empiriques, a écrit un ingénieur distingué, M. Villard, il y a la mécanique appliquée et ses nombreux exemples, et si on les ignore, il doit toujours être fait appel au bon sens. »

Quels sont les modèles d'orthoptères réalisés jusqu'à ce jour?

Jusqu'à la fin du XIXe siècle, on n'a pu réaliser d'oiseaux artificiels à ailes battantes que sous forme de jouets ou d'appareils de démonstration. Les plus intéressants ont été incontestablement ceux de Hureau de Villeneuve, de Pénaud, de Tatin, de Pichancourt et de G. Trouvé. L'oiseau de H. de Villeneuve avait une puissance de coup d'aile tout à fait remarquable : à chacun des battements, le corps se soulevait avec force, et il s'enlevait verticalement à 1 mètre de hauteur pour retomber ensuite en faisant parachute. L'oiseau de Pénaud, au contraire, ne s'enlevait pas verticalement, mais se transportait rapidement dans le sens horizontal ou suivant une inclinaison de 15 à 20 degrés, et parcourait 12 à 15 mètres pendant son vol.

En 1874, Gauchot construisit un oiseau de 1 m. 20 d'envergure, véritable merveille de mécanique dont les ailes étaient animées d'un mouvement elliptique absolument analogue à celui des oiseaux. Suspendu au plafond d'une chambre par un fil, cet oiseau se soulevait de tout son poids, annulant la tension du fil, sous l'effet du battement de ses

Fig. 58. — Modèle d'oiseau artificiel de Tatin.

ailes. La même année, M. Tatin construisait un modèle du poids de 5 grammes, qui fonctionna parfaitement. En 1887, M. Hureau de Villeneuve qui, imbu de l'idée de la solution du problème de la navigation aérienne, avait poursuivi ses recherches pendant vingt ans, présenta au Congrès des Sociétés savantes un modèle de chauve-souris artificielle qui exécuta un vol de près de 80 mètres à la vitesse de 10 mètres par seconde. Devant ce résultat fort remarquable, l'inventeur entreprit la construction d'un grand appareil à ailes battantes mesurant 16 mètres d'envergure, muni d'un moteur de 20 chevaux, et qui devait être monté par trois hommes. Mais la mort devait l'empêcher de mener ce projet à bonne fin.

Les modèles d'oiseaux artificiels de Pichancourt (1889)
étaient également bien conçus. L'un d'eux, dont l'envergure
était de 0 m. 35 et le poids de 25 grammes, volait en s'élevant légèrement, et parcourait une vingtaine de mètres. Un
autre, plus grand, d'un poids de 675 grammes, tenait tête à

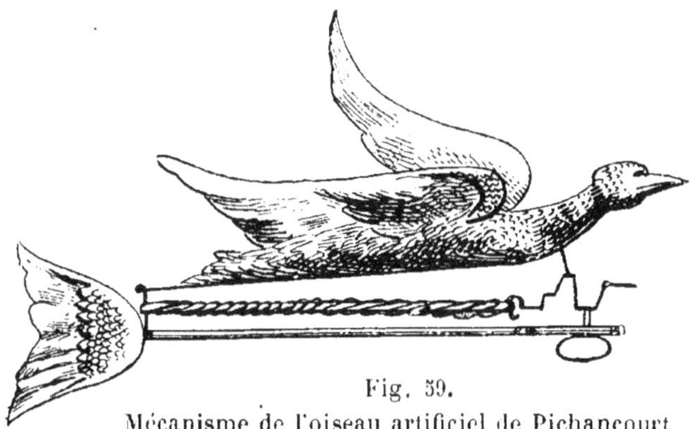

Fig. 59.

Mécanisme de l'oiseau artificiel de Pichancourt.

un vent de 4 mètres par seconde, et retombait à une distance
de 25 mètres de son point de départ.

L'aviateur-moteur-propulseur de G. Trouvé fut présenté
par son auteur à l'Académie des sciences en 1891. La force
motrice était demandée à un principe nouveau : à l'explosion
d'un mélange détonant, comme dans les moteurs à gaz et à
pétrole, mais provoquant, non le déplacement d'un piston,
mais la vibration brusque d'un tube manométrique dont les
extrémités portaient les attaches des ailes. Sous l'influence
des explosions répétées, celles-ci s'abaissent et se relèvent
alternativement, et font progresser et monter en même temps
l'appareil qui parcourt ainsi en volant de 70 à 80 mètres,
après un lancement préalable assurant l'envol et la détente
du mécanisme. La provision de gaz explosif épuisée, la
descente s'opère en planant, comme un oiseau qui revient se
poser sur le sol.

Citons encore les modèles construits par Jobert, le célèbre mécanicien français, par Veyrin, par Ponchel, qui travailla trois ans à réaliser sa machine, dont le moteur est une minuscule machine à vapeur actionnant les ailes qui, outre leur mouvement alternatif de haut en bas, peuvent osciller autour de leur axe. Ce modèle de démonstration était trop lourd pour voler, mais le mouvement des ailes était bien réussi, et l'on en peut dire autant des appareils de Stentzel, de Ludwig, etc., parus vers la même époque.

Si nous en arrivons maintenant aux appareils construits au xxᵉ siècle et ayant eu l'ambition de s'élever dans les airs en emportant leur conducteur, nous citerons l'auto-aviateur Firmin Bousson, sorte d'automobile à quatre roues, actionnée par un moteur à pétrole et munie d'un bâti vertical servant de point d'attache à un grand nombre de petites ailes disposées en quinconce, sur les faces latérales de la cage où se tient le pilote. Essayé en 1900 au plateau d'Avron, ce système n'a pas donné de résultats concluants, bien que l'effet du battement des ailes fût très net et de nature à faire naître quelque espoir.

Les journaux techniques ont donné, en 1907, la description d'une machine volante due à MM. Juge et Rolland de Lyon, machine dont l'envergure atteignait 11 m. 50. Cet appareil a été établi dans le but d'imiter les battements de l'aile de l'oiseau dans l'essor et dans la montée, en modifiant à la volonté du pilote l'amplitude du coup d'aile jusqu'à l'éteindre complètement pour le planement ou la descente en oblique. La machine est construite en tubes d'acier; les ailes, de 5 mètres de longueur, sont articulées à l'épaule; leurs bords antérieurs sont rigides, mais les bords postérieurs sont faits de membranes souples, dénommées plans flotteurs ou vibreurs, qui s'inclinent à la descente, afin d'offrir à la phase descendante une surface triple de celle ascendante. Le nombre de battements peut varier entre 30 et 70 par minute. La carène renferme un moteur de 24 chevaux et le siège du pilote. A l'arrière est monté un gouvernail de forme trapézoïdale s'orientant en tous sens et destiné à assurer la stabilité de route et produire les changements de niveau. La surface totale de sustention est de 52 mètres carrés; l'appareil repose sur un châssis à trois roues, et le poids de l'ensemble ne dépasse pas, à vide, 150 kilogrammes. Ce système n'a pas dû donner, aux essais, les résultats espérés, car on n'en a plus entendu parler depuis lors, et il en est de même de la machine Hewit, à ailes en lames de persiennes, datant de 1909.

L'appareil à ailes battantes de M. de la Hault, essayé à peu près à la même époque à Casteau, en Belgique, est parvenu à quitter le sol, mais l'articulation permettant de réaliser la courbe parfaite, dite en lemniscate, des ailes a présenté, à l'expérience, des défauts imprévus nécessitant une étude nouvelle, mais nous connaissons la ténacité de l'inventeur et persistons à croire qu'il parviendra à surmonter toutes les difficultés de l'entreprise.

D'après la revue l'*Avion*, que dirige le sympathique directeur Loisel, le problème de l'aile battante demeure plus que jamais à l'ordre du jour et, de différents côtés, des inventeurs obstinés s'efforcent de réaliser la machine idéale capable d'exécuter, en même temps que le vol plané où excelle l'aéroplane, le vol ramé qui seul peut assurer la maîtrise définitive de l'atmosphère. Citons parmi ces chercheurs MM. Baron, Laroue, Riout, Passat, Barbier, et nombre d'autres encore, partisans convaincus de la machine ailée. Un avenir prochain nous montrera, sans aucun doute, ce que l'on peut attendre de cette idée et si réellement l'aile est supérieure à l'hélice pour cette application spéciale.

CHAPITRE VIII

PRATIQUE DE L'AVIATION

Comment devient-on aviateur?

Il existe de nombreuses écoles d'aviation, les unes purement théoriques, comme l'Ecole Supérieure d'Aéronautique dirigée par M. le commandant Roche à Paris, les autres entièrement pratiques et dirigées, à Châlons, Nevers et Étampes par Henri Farman; à Mouzon près Sedan, par Sommer; à Pau par Blériot, à Buc par Maurice Farman. Quand vous achetez un aéroplane — les monoplans coûtent de 12 à 20.000 francs, les biplans 25.000 à 28.000 francs, munis de leur moteur — les fabricants vous font, comme il est juste, bénéficier de leçons gratuites pendant une dizaine de jours environ. Après ce délai, les frais de location de hangar, 10 francs par jour, sont à votre charge.

Mais il arrive que, sans être acheteur d'une machine, il peut être utile cependant d'en connaître la manœuvre. Beaucoup de jeunes gens, qui se sentent attirés vers cette science et cette industrie nouvelles, désirent être initiés à la conduite d'un aéroplane. Pour ceux-ci, les prix varient : on traite d'ordinaire à forfait : 2.500 francs, avec cette petite clause : « En cas de bris d'appareil, l'élève est pécuniaire-ment responsable ». Quand il ne veut point encourir un tel risque, le prix des leçons s'élève à 4 500 francs et les frais de réparation, voire de remplacement, ne sont à sa charge, le cas échéant, que si l'accident provient d'une faute inexcu-sable de l'apprenti.

On peut dire que tout n'est pas aisé dans le métier de pilote d'aéroplane, car il est nécessaire de posséder une endurance peu commune pour l'exercer convenablement. Ainsi, Paulhan se trouva complètement engourdi, « paralysé de corps et d'âme » à la fin de la première période de son voyage de Londres à Manchester.

Brookins, surmené par un vol continu de 140 kilomètres, s'aperçut qu'il avait perdu l'usage des bras et dut continuer à diriger sa machine avec les genoux.

Morane, à 2.500 mètres de haut, devint aussi la proie du malaise le plus douloureux, éprouva toutes les peines du monde à faire les mouvements nécessaires pour opérer sa descente. Les quelques minutes qu'elle dura lui parurent une éternité.

Presque tous ceux qui ont accompli des prouesses de ce genre ont confirmé, du reste, que c'était au prix d'un effort de volonté considérable.

Ce qu'il y a de plus démoralisant pour tous, c'est l'igno-rance du milieu. Nous ne connaissons pas l'air. C'est un soutien perfide et plein de surprises. D'aucuns ont exprimé cela d'une façon pittoresque et presque exacte en disant qu'il y avait « des trous là-dedans ».

Les courants sont un danger pour les marins. Cependant, il n'y a aucune comparaison à faire entre les courants de la mer et les courants inconnus, indéfinissables de l'air, dont dépend incessamment l'aviateur. Les vagues, c'est la sécu-rité même comparativement à l'air, à ses traîtrises, à ses gouffres et à ses tourbillons.

Il n'y a pas, pour l'aviateur, un moment de repos, de sécurité. Il vit dans une angoisse continue, depuis qu'il a quitté le sol, jusqu'à ce qu'il y soit revenu.

Il doit incessamment se diriger dans les « trois dimensions ». Tous les véhicules antérieurs à l'aéroplane se meuvent sur un plan. Leurs conducteurs n'ont à surveiller que des dangers horizontaux. Ils sont en sécurité du moment qu'ils gardent la route tracée, qu'ils évitent les autres véhicules et les obstacles fixes qu'ils peuvent rencontrer.

Mais l'aviateur doit, en outre, tenir compte grandement de sa situation verticale. Il doit toujours avoir l'attention tendue de ce côté, veiller à se soutenir. Il faut qu'il écoute tous les bruits d'une machine délicate et qu'il se défie aussi de la cessation de l'un ou l'autre de ces bruits, qui peut être un avertissement terrible. Il doit manœuvrer son gouvernail horizontal pour monter et descendre, son gouvernail vertical pour se diriger à droite ou à gauche, plus deux gouvernails situés à l'extrémité des ailes. Il doit les faire agir tous de conserve, avec un sang-froid absolu. Il doit être pourvu vraiment d'un nouveau sens : le sens du vol. Il faut qu'il fasse preuve d'une capacité nouvelle pour l'homme : il doit se familiariser avec l'abîme.

Une autre particularité de l'aviation, c'est que le débutant n'y peut, à moins de s'exercer à l'aide de planeurs, acquérir graduellement l'habileté que donne l'expérience. La première fois qu'il vole, il faut qu'il se lance à grande vitesse, et s'élève résolument de terre. C'est comme si, pour apprendre à nager, on devait se jeter sans être soutenu dans une rivière profonde.

Quelles qualités un futur pilote d'aéroplane doit-il posséder ?

Jusqu'à ces temps derniers, il n'existait que deux catégories de pilotes : les amateurs faisant de l'aviation pour leur propre compte, comme Santos-Dumont, Delagrange, etc., et les anciens conducteurs d'automobiles de course, pilotant des aéros au compte des constructeurs d'aéroplanes, tels que Paulhan, Védrines et Legagneux entre autres. Devant les succès de ces derniers, on crut tout d'abord qu'il était indispensable de savoir conduire une voiture en course, c'est-à-dire à toute vitesse avant d'essayer de guider la course d'un aéroplane, mais les résultats obtenus après un court apprentissage par les officiers aviateurs n'ont pas tardé à démontrer que cette connaissance préliminaire n'était nullement obligatoire. Les qualités que doit posséder une personne désirant s'adonner à la pratique des machines volantes sont analogues à celles d'un coureur de vitesse, c'est-à-dire l'esprit de décision et la rapidité d'exécution : la première est du domaine de l'hérédité et non de l'éducation ; l'autre est le résultat de la pratique.

Pour conduire un véhicule rapide, il faut, à chaque obstacle, se demander d'abord si l'on a le temps et l'espace nécessaires pour passer. prendre par conséquent une résolution et exécuter une série de mouvements déterminés. L'automobile permet de développer les qualités de décision de la personne chargée de la diriger, mais elle ne présente aucune utilité lorsqu'on se propose de s'adonner spécialement à l'aviation. Les mouvements nécessaires à la conduite d'un aéroplane ne sont pas du tout les mêmes que ceux par lesquels on assure la direction d'une voiture, et un pilote d'aéro n'a pas besoin de faire un apprentissage préalable de coureur. Bien au contraire, il acquerrait des réflexes, des habitudes dont il aurait ensuite la plus grande peine à se débarrasser.

La rapidité d'action provient de l'habitude. La répétition amène la formation d'abord d'un centre nerveux qui commande à la fois tous les muscles devant exécuter un mouvement, ensuite de centres médullaires qui se substituent au cerveau pour la transformation d'une sensation en mouvement. Le temps nécessaire à la formation de ces réflexes dépend essentiellement du tempérament; on lui donne ordinairement le nom d'adresse, et c'est cette qualité fondamentale, privilège de la jeunesse, que doit posséder avant tout le futur navigateur aérien.

Un aviateur doit-il obligatoirement connaître son moteur?

La connaissance complète des organes d'un moteur à essence et de leur fonctionnement, indispensable à tout chauffeur, serait non moins utile à un pilote d'aéroplane, mais, actuellement, la plupart des conducteurs figurant dans les courses et meetings d'aviation, se bornent à régler la vitesse de rotation de leur moteur en agissant, à l'instant du départ, sur l'admission des gaz et l'avance à l'allumage. Ils ne touchent plus à cette machine en cours de vol, sauf au moment du retour vers le sol, pour diminuer la vitesse et arrêter. S'il se produit des ratés pendant la course aérienne, le pilote ramène l'appareil à terre, et les mécaniciens spécialement préposés par chaque maison à ce travail, remettent le moteur au point et le réparent; le pilote n'y touche pas.

La tâche du conducteur d'aéroplane est donc simplifiée de ce fait et elle consiste simplement à régler son moteur *au son*, afin de le faire tourner avec son maximum de vitesse. Cela s'apprend en un petit nombre de séances, plus aisément même que sur une voiture, l'échappement libre permettant de percevoir le moindre raté.

Mais si, actuellement, il n'est pas de première nécessité de connaître à fond le fonctionnement d'un moteur pour devenir un excellent pilote, cela ne veut pas dire que cette connaissance soit sans intérêt, car on peut croire qu'avant longtemps, on agira sur le moteur en marche, comme on le fait en automobile, et il faudra aussi savoir réparer la panne survenue en pleine campagne, loin de tout secours. Le pilote devra donc être doublé alors d'un excellent mécanicien, ce qui avec l'organisation moderne des aérodromes et champs d'entraînement n'est nullement indispensable.

Quel est le but des efforts d'un aviateur pendant le vol ?

Le pilote devant en principe ne pas s'occuper du moteur pendant toute la durée du vol, ses efforts se bornent uniquement à maintenir l'équilibre de l'appareil dans l'air, c'est-à-dire l'horizontalité parfaite de l'axe de l'aéroplane, et qui constitue sa position normale dans l'espace, puis à opérer les virages.

Si l'atmosphère était absolument calme, ce qui n'arrive presque jamais en réalité, la conduite de la machine volante se trouverait extraordinairement simplifiée, et le pilote pourrait abandonner ses volants pendant plusieurs minutes sans risquer des embardées dangereuses. Mais ces conditions de calme se rencontrent très rarement. L'atmosphère est constamment agitée par des courants ou remous aussi inattendus qu'invisibles ; il y en a dans tous les sens et de toutes les directions : les uns sont horizontaux et vous poussent contre l'obstacle loin duquel on voulait virer ; d'autres sont verticaux et soulèvent l'aéroplane ou le projettent violemment vers le sol ; d'autres, enfin, obliques, n'atteignent qu'une partie de la nef aérienne et tendent à la faire chavirer.

La tâche du pilote est donc de maintenir son véhicule bien horizontal en réagissant constamment contre les remous de l'atmosphère, et ce résultat s'obtient en faisant varier, au moyen de commandes spéciales, l'incidence de surfaces mobiles formant des résistances additionnelles, soit dans le sens de la hauteur, soit dans le sens transversal.

Ces surfaces sont le gouvernail de profondeur et les ailerons ou le gauchissement; la direction à droite ou à gauche est assurée par l'inclinaison facultative d'une surface verticale, placée à l'arrière et dite gouvernail de direction.

L'homme ayant la notion, devenue instinctive, de l'équilibre, se rejettera en arrière s'il tombe en avant, se penchera à droite s'il incline à gauche, et inversement; ayant l'instinct de conservation il s'éloignera d'un obstacle dont il s'approche, et voulant tourner à gauche par exemple pour l'éviter, il appuiera sur la jambe droite ou sur le bras droit, s'il nage. Si, partant de ces données, on dispose les commandes d'un aéroplane de telle façon que l'aviateur transmette aux divers gouvernails, par réactions instinctives, les mouvements nécessaires au rétablissement de l'appareil momentanément écarté de sa position d'équilibre, la commande des aéroplanes paraît tellement simple qu'on se demande aussitôt pourquoi tout le monde ne vole pas dès maintenant, car l'apprentissage de l'aéroplane semble plus aisé que celui de la bicyclette et de l'auto. En réalité, il n'en est rien, car, d'une part l'établissement des commandes n'est nullement conforme au programme qui vient d'être établi, et d'autre part l'aéroplane est d'une redoutable sensibilité qui lui interdit de s'écarter, à moins d'un grand danger, de sa position normale d'équilibre.

Quelles sont les manœuvres à effectuer pour obtenir l'envol ?

Le moteur ayant été mis au point par l'équipe de mécaniciens accompagnant l'inventeur, l'appareil est sorti de son hangar et amené, en roulant sur son chariot de lancement, à l'endroit fixé pour le départ. Le plein des réservoirs d'eau et d'huile est opéré, le moteur est mis en route à l'aide de l'hélice, et le pilote ayant pris place dans le fuselage règle sa vitesse de manière à lui faire rendre le maximum. Pendant cette opération, plusieurs aides maintiennent l'appareil en l'empêchant de se déplacer en avant sous l'effet de la traction de l'hélice. Au signal du pilote, ces aides abandonnent l'aéroplane qui avance en roulant de plus en plus vite sur ses roues, jusqu'à ce que la résistance offerte par l'air soit suffisante pour assurer la sustention de l'ensemble. A ce moment, le pilote agit sur son gouvernail de profondeur qu'il incline légèrement. Si ce gouvernail est à l'avant, les plans principaux obéissent vite, étant soumis alors à une force dirigée de bas en haut, mais la queue, dont c'est d'ailleurs le rôle, fait frein en agissant de bas en haut sur les couches d'air sous-jacentes, et il s'écoule un temps appréciable entre l'instant de la manœuvre et celui où le mouvement commandé s'effectue.

Au cas où le gouvernail de profondeur se trouve à l'arrière, la queue a tendance à obéir immédiatement, mais, avant que le plan principal dont la surface est beaucoup plus grande, arrive à vaincre la résistance de l'air appliquée de haut en bas, il s'écoule un certain temps. De plus, la queue porte les seules surfaces verticales de l'aéroplane (gouvernail de direction et entoilage de stabilisation latérale), et ces surfaces se trouvant très éloignées du centre de gravité, il en résulte que les remous ont une influence considérable sur les diverses inclinaisons de l'appareil et surtout sur sa direction.

Le point principal, fondamental de l'ascension régulière d'un aéroplane réside dans l'inclinaison à lui donner pendant cette période du vol, étant donné que le moteur a une vitesse de rotation qui ne saurait varier que dans de très faibles limites. En effet, si cette inclinaison est trop forte et la montée trop rapide, la vitesse diminue, les gouvernails n'ont plus qu'une action insignifiante, et comme leurs dimensions sont restreintes et qu'ils ne sont susceptibles de prendre qu'une faible inclinaison maximum, leur rôle devient nul. Alors, comme l'aéroplane avait, pour monter, son avant plus haut que son arrière, il se cabre sans que le pilote puisse l'empêcher et il retombe sur le sol. C'est là la cause la plus commune de nombreuses chutes et accidents.

Comment maintient-on l'équilibre pendant le vol ?

Une fois parvenu à la hauteur qu'il désire, l'aviateur n'a à s'occuper que de conserver son équilibre, en le rétablissant à tout instant, chaque fois qu'il menace d'être détruit, en manœuvrant les gouvernails correspondants, un peu comme un cycliste sur sa machine. Avec les modèles d'aéroplanes actuellement en usage, les ruptures d'équilibre sont rendues plus fréquentes et souvent amplifiées par la présence de la *queue*. La difficulté est accrue par ce fait du *retard* entre le moment de la commande et celui où son effet se produit, et la nécessité de ne pas dépasser en profondeur un angle limite très faible. Il résulte donc de ces conditions que les manœuvres de correction du pilote doivent être fréquentes et vigoureuses. L'attention doit être continuellement tendue pour saisir les moindres inclinaisons et les corriger immédiatement, de peur qu'elles ne deviennent dangereuses avant que l'appareil ait obéi.

Or, comme le dit très justement un aviateur estimé, le lieutenant Clavenad, dans une intéressante petite brochure *Pour devenir aviateur*, corriger un mouvement dont on ne perçoit que le commencement est chose très délicate ; au début on agit toujours avec trop d'intensité, d'où le tangage que l'on remarque dans les premières sorties, et souvent la chute ; mais si l'on n'agit pas assez, il faut recommencer dans le même sens, d'où une tension d'esprit et des contractions musculaires très fatigantes, les mouvements devant être très rapides et très précis.

La rectitude de la trajectoire aérienne dépend donc de la rapidité avec laquelle le pilote saisit le commencement de chaque dénivellation. Si l'appareil pouvait prendre de grandes inclinaisons, la chose serait aisée, et le rétablissement de l'équilibre s'opérerait presque instinctivement, mais ce n'est pas ce qui se produit, l'appareil ne pouvant sans danger s'incliner au delà de limites très restreintes, qui même ne sauraient être atteintes sous peine de réagir trop tard.

On peut donc affirmer qu'en définitive, voler c'est transformer instantanément des sensations visuelles fugitives en contractions musculaires qui ont pour but de réagir contre les invisibles remous de l'atmosphère, remous qui tendent à écarter l'appareil de sa position horizontale d'équilibre. Cette transformation instantanée ne peut se réaliser que si le cerveau n'intervient plus et si, de volontaires, les mouvements sont devenus de simples réflexes. Par conséquent, savoir voler, consiste d'une part à posséder les centres nerveux appropriés et d'autre part se rendre compte à tout instant de l'horizontalité longitudinale et transversale de l'appareil pendant le vol.

Comment effectue-t-on un virage en plein vol ?

Les premières leçons pratiques données à un débutant consistent à le faire d'abord rouler sur la piste de l'aérodrome sans perdre contact avec la terre ; puis, lorsqu'il s'est aguerri avec le déplacement à grande vitesse, on lui laisse donner un coup d'équilibreur et s'élever à quelques mètres seulement pour reprendre terre aussitôt. On lui laisse exécuter des vols en ligne droite de plus en plus étendus, en lui apprenant à conserver l'équilibre par les manœuvres appropriées, et enfin on lui montre à exécuter des vols en circuit fermé, c'est-à-dire à décrire des virages soit à droite soit à gauche, des huit, enfin toute sorte d'évolutions.

Les manœuvres à effectuer pour opérer un virage correct sont assez compliquées et varient suivant les appareils, le mode de commande différant d'un modèle à un autre, si bien qu'un habile pilote de monoplan d'une marque donnée devrait recommencer un apprentissage nouveau pour voler correctement avec un biplan ou même un monoplan d'une autre marque. En général, en même temps que l'on agit sur le câble commandant le gouvernail de direction pour l'obliquer dans le sens opposé à celui dans lequel on veut tourner, on agit sur le gauchissement ou sur les ailerons, de manière à assurer la stabilité transversale et donner l'inclinaison voulue à l'oiseau artificiel pendant l'exécution de la courbe. Le cercle (ou la portion de cercle) une fois décrite, on redresse l'appareil par une manœuvre inverse pour remettre les choses en l'état.

Le pilote devant barrer dans les trois dimensions doit voir, ce qui est difficile et ne s'acquiert qu'à la longue, trois choses à la fois : la direction d'abord, l'inclinaison en profondeur ensuite, l'inclinaison transversale en dernier lieu. L'impossibilité de cette vision simultanée et de cette constante vérification est la cause de presque tous les accidents, aussi bien pour les débutants que pour les conducteurs exercés.

On ne voit distinctement qu'une seule chose à la fois. Si le débutant s'absorbe dans la vérification de l'équilibre longitudinal de son navire aérien en regardant devant lui son moteur ou les montants verticaux de l'appareil, lesquels se profilent sur le paysage, et qui lui indiquent s'il monte ou descend ou s'il s'incline d'un côté ou de l'autre, il ne voit plus où il va et il peut se précipiter sans s'en douter sur un obstacle brusquement surgi. Si, au contraire, il regarde distinctement la campagne au-dessus de laquelle il vole quelquefois à 100 kilomètres à l'heure, il ne voit plus qu'indistinctement son moteur, ne peut en remarquer l'inclinaison longitudinale ou latérale. Les oscillations prennent une amplitude exagérée, le point critique est dépassé, et il en résulte le cabrage et la chute. Enfin, si étant près de terre, il pense plus spécialement à la profondeur et à la direction, il oublie l'obliquité transversale ; une aile touche le sol et se brise, ce qui peut entraîner le capotage complet.

Comment doit s'opérer le retour au sol ?

L'atterrissage, surtout dans les voyages au-dessus de terrains variés, constitue le moment délicat de la randonnée aérienne ; souvent le vol le plus réussi se termine par un accident, et bien heureux quand tout se borne à un peu de bois cassé : longerons, montants, etc., à une roue ou une pièce de châssis faussée.

La difficulté réside dans la grande vitesse dont l'aéroplane est animé, vitesse indispensable à sa sustention et sa progression, et qu'il est impossible d'éteindre avant de prendre contact avec la terre. La plupart des pilotes exercés coupent l'allumage du moteur en plein vol et ils se rapprochent du sol suivant une ligne oblique plus ou moins accentuée, ou en décrivant des orbes circulaires concentriques. Le résultat cherché est toujours le même, c'est de diminuer autant que possible la vitesse de translation. Arrivé à quelques mètres de son point d'atterrissage, le pilote donne un brusque coup d'équilibreur pour replacer son appareil dans l'horizontale et venir toucher normalement sur les roues ou les patins du châssis. Après une course plus ou moins étendue sur le terrain, l'appareil, ayant dépensé toute sa force vive, finit par s'arrêter.

N'a-t-on pas cherché à réaliser automatiquement la stabilité des aéroplanes?

Plusieurs solutions ont été proposées pour réaliser la stabilisation automatique des aéroplanes pendant leur vol, et c'est principalement au gyroscope de Foucault que l'on a songé dans ce but; ce gyroscope commandant un servo-moteur, qui rétablit l'équilibre détruit en agissant sur les gouvernails de profondeur ou de direction, comme le ferait le pilote.

Toutefois, les ingénieurs ne sont pas encore certains des avantages que peut présenter réellement le gyroscope. M. Troller et M. Noalhat, entre autres, ont exposé les inconvénients de l'automatisme, qu'ils considèrent comme inférieurs à l'intelligence humaine, et en particulier ceux du gyroscope dont l'application à l'aviation semble aléatoire.

Cependant, M. le capitaine d'artillerie Lucas-Girardville, l'un des premiers élèves de Wilbur Wright à Pau, vient de faire construire un type d'aéroplane des plus originaux et dans lequel les propriétés du gyroscope sont ingénieusement mises à profit. Celui-ci agit à la manière d'un servo-moteur pour commander la manœuvre de certains organes appropriés. La partie essentielle de cet appareil est une jante de 4 mètres de diamètre fixée par son centre à une pyramide en bambous lui servant de support. Des gyroscopes assurent la stabilité longitudinale, et deux moteurs Gnome, type nouveau de 70 chevaux, sont agencés l'un à l'avant, l'autre à l'arrière et tournent en sens inverse pour compenser les effets gyroscopiques pendant les virages. Les essais de ce curieux modèle montreront ce que l'on peut espérer retirer de cette application des gyroscopes au maintien de l'équilibre des appareils d'aviation pendant le vol.

Quelle est l'opinion des constructeurs au sujet de la pratique de l'aviation?

Le nouveau règlement établi par la Fédération aéronautique internationale au cours de sa dernière réunion, et qui est entré en vigueur le 15 février 1911, détermine les conditions à remplir pour l'obtention du brevet de pilote-aviateur. Ces conditions ont paru insuffisantes à nombre de personnes et on a réclamé des mesures plus draconiennes dans le but de limiter le nombre des aviateurs — et par conséquent celui des accidents. A ce sujet, Henry Farman a écrit ce qui suit :

« Je vois depuis quelque temps des articles tendant à prouver que le brevet de pilote est trop facile et qu'il faut le rendre plus difficile, et cela, toujours à cause des accidents survenus aux aviateurs.

« Je tiens à faire remarquer que le brevet de pilote n'a rien à voir avec les accidents. En effet, tous ceux qui se sont tués étaient des maîtres en aviation et auraient certainement passé le brevet, même le plus difficile; exemple : Chavez, Blanchard, Wachter, Delagrange, etc...

« La vraie et la seule raison de faire passer un brevet de pilote consiste à empêcher les novices de concourir dans les meetings et de causer des accidents. Si le brevet de pilote est rendu plus difficile, il est évident que la somme demandée pour faire passer ce brevet sera en proportion des difficultés, des risques, et, par conséquent, diminuera certainement de moitié le nombre d'élèves au grand dommage de l'aviation en général.

« Au point de vue accident, si un débutant doit l'avoir, il l'aura avant d'avoir son brevet de pilote au lieu de l'avoir après, voilà tout. Il l'aura d'autant plus qu'il sera poussé et qu'il devra obtenir rapidement son brevet.

« Conduire un bon aéroplane est si peu dangereux, quand

on est prudent, que jusqu'à présent, aucun des élèves d'une
bonne marque n'a eu d'accidents graves; ceux ci n'arrivent
que plus tard, lorsque l'élève est devenu aussi fort que le
maître; il aurait alors passé depuis longtemps le plus difficile des brevets. »

CHAPITRE IX

RÈGLEMENTATION DE L'AVIATION

La circulation des véhicules aériens est-elle réglementée?

Il y a quelques années à peine la navigation aérienne était considérée comme une utopie. Les ballons dirigeables avaient fait, il est vrai, de grands progrès; mais ils étaient encore incapables de résister aux vents même peu violents, et la véritable solution du problème paraissait presque impossible. C'est le plus lourd que l'air qui devait donner son premier essor à l'aéronautique.

Quand on pense qu'il n'y a guère plus de quatre ans, Santos-Dumont accomplissait à Bagatelle une prouesse qui parut surhumaine, en volant sur une distance de 400 mètres, avec un appareil plus lourd que l'air, alors qu'à l'heure présente nos aviateurs se promènent de ville en ville, par-dessus les maisons, les forêts, les lacs, les montagnes de neige, avec la plus grande aisance, — il n'est plus permis de douter que le domaine des airs devienne une voie normale de communication à l'égal de la voie ferrée et de la voie maritime.

Malheureusement, des progrès aussi rapides sont toujours accompagnés de circonstances malheureuses, d'accidents mortels, et le nombre des victimes commence à prendre de l'importance. Que sera-ce quand dirigeables et aéroplanes sillonneront l'atmosphère, du moins si l'on n'y met bon ordre? D'où la nécessité d'une réglementation, législative ou autre. Il devient de jour en jour plus urgent de prendre des dispositions légales, aussi bien pour réprimer les imprudences et pour parer aux catastrophes, que pour prévoir et régler équitablement tous les sujets de contestations possibles entre Français comme entre sujets de nationalités différentes, voire même entre deux États.

Chacun s'inquiète à juste titre, et, en présence d'une situation aussi critique qu'imprévue, nos juristes se demandent comment trancher certaines questions de droit toutes nouvelles et qui menacent de renverser les principes fondamentaux de notre vieux Code. Divers groupes, entre autres la Commission de Contentieux et des études juridiques de l'Aéro-Club de France, élaborent des projets de réglementation. M. Gevin-Cassal, avocat à la Cour d'appel de Paris, a publié une étude des plus intéressantes sur ce sujet, et auquel nous emprunterons ce qui suit :

Quelle doit être la législation des choses de l'air?

Cette question de la législation de l'air est si vaste et si compliquée qu'elle ne saurait être abordée qu'avec ordre et méthode. On peut l'envisager à trois points de vue bien distincts : au point de vue pénal, au point de vue civil et à un point de vue purement spécial. Autrement dit : les codes sont à modifier ou à compléter, et une loi est à faire. Mais faire une loi, ce n'est pas une petite affaire ; légiférer demande beaucoup de soins et beaucoup de réflexion ; et en attendant, la nécrologie de l'aéronautique remplit les colonnes des journaux sans qu'on puisse même établir les responsabilités. D'autre part, si les malheureux aviateurs qui trouvèrent une mort sublime dans cette lutte contre le plus impondérable et le plus terrible des éléments, prennent à nos yeux des figures de héros qui nous arrachent des cris d'admiration, il ne faut pas perdre de vue les victimes involontaires et sans gloire qui ont quelquefois payé de leur vie l'imprudence des premiers. En 1910, un aviateur s'abattait sur la foule à Maubeuge, blessait gravement un spectateur, sa femme, une petite fille de cinq ans et un militaire; il y a très peu de temps, on annonçait de Saint-Pétersbourg qu'un aéroplane, monté par deux hommes, capotait et tuait du coup trois personnes, laissant indemnes l'aviateur et son passager; un enfant fut écrasé sous les yeux de sa mère.

Dans le domaine du droit civil, le principe séculaire de l'article 552 du Code civil, en vertu duquel « la propriété du sol emporte la propriété du dessus et du dessous », devra subir une sérieuse atteinte; jusqu'ici, on admettait sans difficulté que le propriétaire de la moindre parcelle de terrain était propriétaire de la portion terrestre située entre la surface de son terrain et le centre de la terre et de la portion aérienne située au-dessus de son fonds jusqu'aux limites les plus reculées de l'atmosphère; mais maintenant que les aéroplanes vont venir se promener au-dessus des propriétés particulières, que va-t-on faire? Obliger les aéronautes à planer seulement au-dessus des routes et des fleuves? Ce serait déraisonnable. Il faudra donc décider que le droit de se promener dans les airs constitue une servitude imposée aux propriétés particulières dans l'intérêt général. Quant à l'atterrissage, il ne devra avoir lieu que sur les routes, sauf en cas de force majeure.

Pour les autres questions juridiques que ne manquera pas de soulever la navigation aérienne : contrats de transport,

louage de services, ventes, accidents, etc., le droit commun
suffira pour les trancher.

**Quels sont les règlements de police relatifs à la
pratique de la locomotion aérienne ?**

La circulation des appareils d'aviation, tels qu'ils existent
actuellement, est un danger évident pour la population,
spécialement au-dessus des grandes agglomérations. Nos
ingénieurs et nos aviateurs ont accompli, en très peu de
temps, des choses surprenantes, mais il faut avouer que
nous sommes loin de la perfection, loin même de la sûreté
qui est absolument nécessaire, de la confiance qu'il faut
avoir en son appareil pour voyager au-dessus des villes.
C'est un moteur qui s'arrête, une aile qui casse, un câble
qui se rompt, et si jusqu'à présent les accidents de ce genre
se sont plutôt produits dans la campagne, c'est que le
hasard nous a servis.

C'est pour remédier à ces inconvénients que le Préfet
de police a eu l'heureuse initiative d'un projet d'ordonnance
réglementant la circulation aérienne au-dessus de Paris
et du département de la Seine. Ce nouveau règlement s'ap-
pliquerait, d'après l'article 1ᵉʳ, aux trois catégories suivantes d'appareils de locomotion aérienne :

Appareils d'aviation (aéroplanes), ballons dirigeables,
ballons libres, ces trois catégories étant comprises sous la
dénomination générale d'aéronefs.

L'article 2 interdit d'atterrir sur un point quelconque du
territoire de la Ville de Paris et des communes du département de la Seine. Il faut rapprocher de cet article l'article 5
qui interdit, pour tous les aéronefs, en cas d'atterrissage
involontaire, d'effectuer un nouveau départ sur place, les
appareils devant être démontés et reconduits aux champs
de départ les plus proches.

Cette interdiction ne vise, bien entendu, que les lieux

appartenant au domaine public, tels que rues, places, bou-
levards Il ne peut être question là du domaine privé des
particuliers ou de l'État; dans ce dernier cas les cours
des casernes, le champ de manœuvres d'Issy-les-Mouli-
neaux. etc , où, munis d'une autorisation du ministère
d'où dépendent ces terrains, les aviateurs peuvent se livrer
à leurs expériences.

L'article 3 de l'ordonnance de police oblige les appareils
circulant au-dessus de Paris et du territoire de la Seine, à
se tenir à une hauteur telle que, en cas de descente, ils puissent effectuer leur atterrissage en dehors des agglomérations. Cet article est un peu obscur dans sa teneur, car il
serait bien difficile à faire observer. Il ne peut donc avoir
qu'une valeur comminatoire, mais aucune application
sérieuse.

La tâche que doivent remplir les pouvoirs publics n'est
pas des plus aisées à remplir. Aurait-il mieux valu, demande
M. Gevin-Cassal, faire comme les Allemands et interdire
absolument le vol au-dessus des villes ? Nous ne le croyons
pas, et pourtant une enquête, faite récemment, a donné les
résultats suivants : deux aviateurs seulement se sont pro-
noncés pour la liberté absolue, soixante-quatre se sont
déclarés partisans de l'interdiction ; vingt-cinq autres ont
estimé que les aviateurs devaient être autorisés à passer
au-dessus des villes à condition de se tenir à une hauteur
telle que. en cas de panne du moteur, l'atterrissage puisse
se faire hors des agglomérations. Comme on le voit, ce sont
ces derniers qui ont inspiré à M. Lépine l'article 3 de sa
circulaire.

Quoiqu'il soit impossible de tirer une conclusion quelconque de cette enquête, parmi un si petit nombre d'aviateurs animés des sentiments les plus divers et plus dési-
gnés pour accomplir leurs prouesses que pour rédiger des
règlements destinés à les accabler, — il est curieux de cons-

tater que la grande majorité s'est prononcée en faveur de l'interdiction du vol au-dessus des villes.

Enfin, pour en finir avec l'ordonnance de M. Lépine, l'article 4 interdit aux pilotes de ballons libres et dirigeables de jeter, comme lest, d'autres matières que du sable fin. Cette interdiction est si naturelle et si évidente qu'elle avait à peine besoin d'être formulée.

En résumé, cette ordonnance aura évidemment pour effet de modérer l'audace des aviateurs, mais non pas par crainte des contraventions, ils n'en sont pas à leur coup d'essai. Elle produira plutôt, comme je l'ai dit, une certaine influence morale, qui n'est pas à dédaigner pour le moment. Qu'on la rende donc applicable immédiatement. Ce sera le premier pas, peut-être un peu mal assuré, mais à coup sûr utile, en attendant les lois et les règlements qui viendront certainement un jour.

Que deviennent les droits du propriétaire en présence de l'aviation ?

Un propriétaire a intenté un procès, qu'il a d'ailleurs perdu, à l'aviateur Maurice Farman, afin d'obtenir des dommages-intérêts en raison de la gêne que le vol des aéroplanes apportait dans son exploitation agricole. Il se pose à ce propos une question d'ordre général qui devra évidemment faire à bref délai l'objet de l'attention des pouvoirs législatifs.

Il est évident que la circulation aérienne n'est pas prévue par le Code. Quand il s'agit d'un préjudice matériel, dont la constatation est possible, l'article 1382 suffit. Si un aviateur descend dans un champ de blé, ou brise un pommier, ou blesse quelqu'un, il est dans le même cas qu'un citoyen quelconque. Il est responsable du dommage causé. Le cas est déjà plus délicat, s'il s'agit d'un dommage indirect : peur causée à un cheval par exemple. Cependant, ici encore, la législation et la jurisprudence établies sont applicables à un aviateur comme elles le seraient à un chauffeur, à un cycliste, à un charretier. C'est une affaire d'appréciation, et les juges sont là pour trancher.

Mais il faut prévoir les cas nouveaux, sans précédent, qui supposent une législation et une réglementation dont le besoin va se faire promptement sentir. Le mur de la vie privée n'existe plus pour des gens qui passent dessus sans escalade ni effraction. La tranquillité du « home » familial est à la merci d'un flâneur aérien qui s'offrira le plaisir de traverser jardins et parcs à dix ou douze mètres d'altitude. Il va falloir établir une zone de propriété atmosphérique au-dessus des immeubles comme il y a une zone d'eaux territoriales sur le bord de la mer. Il s'agit là de mesures d'un intérêt non seulement général, mais même international, car il est à désirer pour tout le monde qu'elles soient uniformes dans tous les pays civilisés.

Déja, le Gouvernement français a pris l'initiative d'une Conférence qui s'est tenue à Paris, il y a quelques mois, et où l'on a amorcé l'étude de ces questions extrèmement intéressantes et à l'ordre du jour.

On peut donc croire que l'on aura, dans un avenir prochain, le « Code de l'Air » que réclament les aviateurs, et il est à souhaiter qu'en dehors des mesures fiscales certaines qui attendent les propriétaires d'automobiles aériennes, ce Code n'édicte pas des conditions draconiennes qui viendraient apporter de sérieuses entraves au développement de la locomotion aérienne.

L'organisation des services aériens n'avait-elle pas été prévue autrefois?

« Il n'y a rien de nouveau sous le soleil », dit un vieux proverbe, et on en a la preuve une fois de plus dans les projets de début de la *Société française de navigation aérienne,* qui, organisée à titre provisoire en janvier 1864, fut définitivement constituée, rappelle M. Mennevée, en mai de la même année, sous la présidence du savant Barral, et reçut l'appui d'un grand nombre de notabilités scientifiques de l'époque, parmi lesquelles M. Babinet, de l'Institut.

Son but était double : réunir des fonds pour faire des expériences et centraliser les recherches des inventeurs pour les soumettre à un comité d'examen.

Mais cette Société faisait preuve d'un état d'esprit tout particulier; un seul système d'appareils trouvait grâce à ses yeux : celui qui s'approchait du type navire. Tous les autres, à son point de vue, ne devant apporter que déboires et déconvenues à leurs auteurs.

Un journal fut créé sous le titre de l'*Aéronaute*, où étaient enregistrés les travaux de la Société d'encouragement. Le frontispice était symbolique : un navire aérien manœuvrant en liberté au milieu des nuages.

Déjà l'on avait désigné les noms des navires aériens, d'après leur tonnage : avicule, petite nacelle n'emportant que son aviateur; avicelle, genre de barque montée par deux ou trois hommes; aéronef, petit navire; aéronave ou corvette aérienne; mélagormis, vaisseau aérien de la taille d'un aviso-vapeur et pouvant porter une trentaine d'hommes, etc.

Chaque ville ou village devait jouir des avantages d'un port de mer. Les canaux, les routes, les chemins de fer, devenus inutiles, rendraient à l'agriculture la place qu'ils occupent. Les vaisseaux (en resterait-il?, surpris par la tempête seraient enlevés par leur grand mât et transportés au port par-dessus les isthmes et les montagnes (!). Les frontières seraient effacées, les peuples communiquant en quelques heures (!) d'un antipode à l'autre, et, unis par un contact incessant, se fondraient en une seule famille.

L'intérieur des continents n'aurait plus de secrets pour

nous. Déjà on avait établi les lignes de circulation ; projeté les gares d'atterrissage des steamers aériens ; esquissé les ordonnances de police devant régler cette circulation ; discuté dans leurs détails les genres d'accidents qui pourraient se produire : tels que chute sans renversement, avec ou sans démâtage, chute sens dessus dessous après chavirement, choc contre un corps immobile : tour, falaise ou montagne, télescopage entre aéronefs.

D'avance, on avait étudié les changements que subirait la thérapeutique et les lois d'hygiène qu'il conviendrait d'adopter lorsque l'homme aurait pris l'habitude de se transporter à travers l'atmosphère.

On est tenté de sourire à la lecture de toutes ces utopies, mais, lorsqu'on y réfléchit bien, on est obligé de reconnaître que c'est par les recherches persévérantes et les expériences découlant de ces rêves d'autrefois, que l'on est arrivé aux résultats actuels. Évidemment, on est encore loin, en 1911, des paquebots aériens, « mélagormis » ou aéronefs, mais on ne peut nier devant ce qui a été acquis par l'aviation en moins de cinq ans qu'un réel progrès n'ait été réalisé. L'aéroplane est parvenu à enlever douze personnes et à voler avec cette charge déjà remarquable ; c'est déjà presque l'aérobus rêvé. Encore quelques efforts, et l'on touchera le but ; le problème tant retourné depuis des siècles aura reçu sa définitive solution, et la conquête de l'air sera un fait accompli.

TABLE DES MATIÈRES

CHAPITRE PREMIER
Les principes de l'aviation.

CHAPITRE II
Historique et classification des appareils d'aviation.

CHAPITRE III

Le monoplan.

CHAPITRE IV

Les biplans.

CHAPITRE V

Les moteurs d'aéroplanes.

CHAPITRE VI

Les propulseurs.

CHAPITRE VII

L'aviation par l'hélicoptère et l'ornithoptère.

CHAPITRE VIII

Questions diverses relatives à l'aviation.

CHAPITRE IX

Règlementation de l'aviation.

E. GREVIN — IMPRIMERIE DE LAGNY

Librairie Bernard Tignol,

53 bis, Quai des Grands-Augustins

Téléphone 823-28.

CATALOGUE

DES

Ouvrages Scientifiques
et Industriels

MANUELS PRATIQUES

POUR TOUTES LES INDUSTRIES

Chimie — Électricité — Manufactures — Agriculture

Ces livres sont envoyés franco dans le monde entier ; joindre à la demande le montant en un mandat-poste.

Nous fournissons les ouvrages de Science Industrie, Littérature, etc., qui ne figurent pas dans nos Catalogues

La Maison se charge de publier à son compte ou à celui des Auteurs tous les ouvrages se rattachant à sa spécialité

1911

PARIS

Librairie Bernard TIGNOL

PUBLICATIONS DE LA

LIBRAIRIE de L'ÉCOLE CENTRALE des ARTS et MANUFACTURES

53 *bis*, Quai des Grands-Augustins, 53 *bis*

Accumulateurs (Voir ÉLECTRICITÉ, PILES)

Les Accumulateurs électriques. Nouvelle édition, par F. CA-CHEUX, ingénieur-électricien. — 1 vol. in-16, avec figures dans le texte. Prix.. **4 fr.**

TABLE DES CHAPITRES. — Description et mode d'emploi des piles secondaires. — Les accumulateurs anciens et nouveaux. — Montage des éléments et choix du local pour les accumulateurs. — Charge et décharge. — Les accidents : leurs causes et leurs remèdes. — Résumé.

Acétyléne.

L'Acétylène et ses Applications, l'Incandescence par le Gaz et le Pétrole, par F. DOMMER, ingénieur des Arts et Manufactures, professeur à l'Ecole de physique et de chimie industrielles de la Ville de Paris; 1 beau vol. in-16, 220 fig. — Prix........ **4 fr. 50**

Aérostation. — Aéroplanes.

Catéchisme de l'Aviation à la portée de tout le monde, par H. DE GRAFFIGNY, Ingénieur civil; 1 vol. in-16, cartonné, 50 figures, 200 pages. — Prix................................... **2 fr. 50**

Les Aéroplanes. Historique, Calcul et Construction des aéroplanes, par DE GRAFFIGNY, 1 vol. in-8° avec figures et 4 planches hors texte, 1909, 2ᵉ édition. — Prix.. **4 fr.**

Manuel pratique de l'Aéronaute. Étoffe. — Couture. — Filet. — Soupape. — Nacelle. — Lest. — Guide-rope. — Courants. — Observations. — Descente, etc. — Par W. DE FONVIELLE; in-16, figures. — Prix **5 fr.**

Machines aériennes d'aluminium (Fusairs et Uranes), par CONST. FONTANA, in-16 avec figures. — Prix.................. **1 fr. 50**

Aérostation. Construction, description et direction des ballons, par MIRET, in-8°, 58 pages, 37 figures. — Prix..................... **2 fr. 50**

Agriculture. — Animaux domestiques.

Les Engrais. Engrais chimiques. — Engrais naturels. — Engrais composés. — Formules. — Besoins des plantes. — Analyse des engrais, par F. LEGRAND, 19 figures. — Prix............................... **1 fr. 50**

Le Drainage des terres arables. Drains en bois, en poterie, etc. — Travaux sur le terrain. — Drainages spéciaux. — Fonctionnement. Avantages, par A. LARBALÉTRIER. — Prix..................... **1 fr. 50**

Élevage du Bétail. Chevaux. — Bœufs. — Vaches. — Moutons. — Porcs, etc., par Em. Darbory, propriétaire-éleveur, 55 fig. — Prix **1 fr. 50**

Nos Légumes et nos Fleurs. Caractères. — Variétés. — Culture. — Maladies, etc., par E. Faveri et Larbalétrier, 56 fig. **1 fr. 50**

Machines agricoles et Constructions rurales. Charrues. — Herses. — Semoirs. — Faucheuses. — Moissonneuses. — Lieuses. — Batteuses, etc. — Constructions : Ecuries. — Bouveries. — Etables, in-16, par G. Ménul, 112 figures. — Prix .... **1 fr. 50**

Céréales et Fourrages. Culture pratique. — Froment. — Seigle. — Orge. — Avoine. — Sarrasin. — Trèfle. — Betterave, etc., par A. Larbalétrier, 51 figures. — Prix .... **1 fr. 50**

Arbres fruitiers et la Vigne. Fumure. — Conduite. — Multiplication. — Variétés : Abricotier. — Amandier. — Cerisier, etc. — La Vigne. — Cépage, Culture, Accidents, Maladies, par P. d'Aygalliers, 46 figures. — Prix .... **3 fr.**

Cidre, Poiré et Boissons économiques. Culture du pommier et du poirier. — Fabrication du cidre et du poiré. — Maladie du cidre, remèdes. — Eaux-de-vie. — Vinaigre. — Conservation des fruits. — Vins de Dattes, Figues, Poires, Pommes tapées. — Vins de fruits frais, Cerises, Prunes, Framboises, Groseilles, etc., 24 figures, par E. Rigaux. — Prix .... **1 fr. 50**

Volailles, Lapins et Abeilles. Poules, Élevage, Incubation, Engraissement, Pintades, Dindons, Oies, Canards, Pigeons. — Lapins. Elevage, Alimentation. — Abeilles. Colonies, Nourriture, Rucher, Essaimage, Ruche, Récolte du miel, par E. Paradis et E. Montoux 52 figures. 2e édition. — Prix .... **1 fr. 50**

La Vaccination charbonneuse, d'après Pasteur, par Ch. Chamberland; in-8º, 10 figures, cartonnage toile. — Prix... ' .... **5 fr.**

Amendements et Engrais, par A. Renard, 1 volume in-18º, 424 pages avec figures. — Prix .... **2 fr.**

Les Légumes usuels. Les légumes usuels sont disposés dans l'ordre alphabétique pour faciliter les recherches, par Vilmorin-Andrieux, 1 vol. in-18, 610 pages, nombreuses figures. — Prix .... **4 fr.**

Les Syndicats professionnels agricoles, par G. Gain,
1 volume in-18 de 337 pages. — Prix........................ **2** fr.

**La petite Culture agricole, légumière et fruitière
dans les campagnes et aux environs des villes,** par
G. Heuzé, 1 volume in-18, 610 pages, nombreuses figures. — Prix **2** fr.

**Petit dictionnaire d'Agriculture, de Zootechnie et de
droit rural,** par A. Larbalétrier, 1 volume in-18, 199 pages,
23 figures. — Prix.................................... **2** fr.

**Nutrition et production des animaux, bœuf, cheval,
mouton, porc,** par P. Petit, 1 vol. in-18, 368 pages. — Prix **2** fr.

Le Commerce de la Boucherie, par E. Pion, 1 volume in-18,
359 pages, 1 planche. — Prix.......................... **2** fr.

Alcool (Voir Distillation).

Aluminium.

L'Aluminium. Nouveaux procédés de fabrication. —Alliages. — Emplois récents de l'aluminium. — Par Ad. Minet, ingénieur-électricien;
2 volumes in-16, figures dans le texte. — Prix.................... **9** fr.
On vend séparément :
1re Partie : Fabrication. — Prix............................ **4** fr. **50**
2e Partie : Alliages, Emplois. — Prix........................ **4** fr. **50**

Amalgames.

Les Amalgames et leurs applications, par Léon de Mortillet, ingénieur des Arts-et-Manufactures; in-8°. — Prix........ **2** fr.

Ammoniaque.

L'Ammoniaque, ses nouveaux Procédés de Fabrication et ses Applications. L'Ammoniaque. — Ses sels ammoniacaux. — Propriétés physiques. — Fabrication. — Travail des Eaux
ammoniacales. — Analyse de l'Ammoniaque. — Des sels ammoniacaux.
Des Matières premières. — Dosage dans les Eaux. — Applications. —
Production et Consommation. — Brevets. — Par P. Truchot, ingénieur-chimiste; in-16, figures. — Prix...... .... **6** fr.

Architecture et Constructions.

Manuel pratique de Constructions rustiques, par
P. Hasluck et L. Gruny, 1 beau volume in-8, 194 figures dans le texte. —
Prix........... .... **3** fr.

Manuel pratique de l'Architecte et de l'Ingénieur-Constructeur, pour le calcul des Constructions. — Formules usuelles. — Fondations. — Poutres. — Planchers en fer et en bois. — Calcul des Fermes. — Maçonnerie. — Hydraulique. — Electricité. — Chauffage. — Escaliers, etc. — Tables. — Par Ch. Sée, ingénieur-architecte; 1 vol. in-16, avec figures, cartonné, toile anglaise. — (Pour paraître en 1912). — Prix.. **10 fr.**

Table à l'usage des Constructeurs, donnant, par la connaissance de la corde et de la flèche, le rayon, l'angle au centre, etc. — Par L. Sergent. in-12 (1882). — Prix............................ **1 fr. 50**

Les Cheminées d'usines. Construction. — Réparations, par Victor Lefèvre, ingénieur civil; 1 volume in-16 de 48 pages, avec 13 figures dans le texte. — Prix.... .... **1 fr. 50**

La Tour Eiffel de 300 mètres de l'Exposition Universelle. — Historique et description; par Max de Nansouty, ingénieur; 1 volume in-16 de 140 pages; nombreuses figures. — Prix............. **3 fr. 50**

Théorie sur la Stabilité des hautes Cheminées en maçonnerie, par Gouilly (Al.), ingénieur des Arts et Manufactures, répétiteur à l'Ecole centrale, in-8° avec planches, 1876. — Prix **1 fr. 50**

Arpentage.

Manuel pratique d'Arpentage et de levé des Plans, par G. Dallet, du Service géographique de l'armée, 1 volume, in-16, 73 figures dans le texte. — Prix................................... **4 fr.**

Arts militaires.

Science et Guerre. Télégraphie optique. — Lumière électrique. — Cryptographie. — Poste par pigeon, par Max de Nansouty (1888), 1 vol. in-16, 190 pages, 57 figures dans le texte, 3 planches hors texte.... **4 fr.**

Automobiles. — Motocyclette. — Bicyclette.

Manuel pratique du Constructeur d'Automobiles à pétrole, par Maurice Farman. — Un beau volume in-16, avec 65 figures dans le texte et un atlas de 20 planches in-4°. — Prix...... **9 fr.**

Nouveau Manuel du Conducteur d'Automobiles, par Maurice Farman et P. Maisonneuve. — Théories du moteur. — Organes. — Graissage. — Carburateurs. — Allumage. — Embrayage. — Change-

ment de vitesse.—Freins.—Châssis.— Les pneumatiques. — Conseils pratiques. — Les pannes et les moyens d'y remédier. — Un beau vol. in-8°, cartonnage toile anglaise..... **5 fr. 50**

Manuel du Conducteur d'Automobiles, par Maurice Farman. — In-8°, 160 figures, 4e édition 1905. — Prix........ **4 fr. 50**

Catéchisme de l'Automobile à la portée de tout le monde, par H. de Graffigny, ingénieur civil, 1 volume in-16, cartonné, 64 figures dans le texte (2e édition).— Prix **2 fr.**

Table des Chapitres.— Les voitures automobiles en général. — Le moteur. — Le carburateur. — La transmission.—La carrosserie automobile. — Conduite d'une automobile. — Entretien et réparations. — Législation.

Les Omnibus automobiles. Conseils pratiques sur l'organisation des transports en commun par omnibus automobiles, par G. Le Grand. 1 volume in-8°, 16 figures. — Prix......................... **1 fr. 50**

Choix de la ligne. — Choix des véhicules. — Les bandages. — Les mécaniciens et les encaisseurs. — L'exploitation. — Le garage. — Les assurances. — Intervention de l'Etat.

La Motocyclette et le Tricar. Choix de la machine et des appareils. — Accessoires. — Moteur à quatre temps. — Carburateur à pulvérisation. — Conduite. — Graissage. — Transmission. — Pannes, etc., par A. Coqueret, un beau volume in-8°, avec figures dans le texte et un modèle avec détails en couleurs des organes superposés et démontables de la motocyclette. Nouvelle édition (1910). — Prix.............. **3 fr.**

Construction et réglage des moteurs à explosions. Manuel pratique de construction d'un moteur à explosions. — Calculs généraux. — Recherche des dimensions et de la meilleure forme à donner aux pièces. — Mise au point d'un moteur construit, par Louis Lacoin, 1 vol. grand in-8°, 424 pages, 180 figures. Cartonné toile. — Prix. **12 fr.**

L'Allumage dans les Moteurs à explosions. Explication détaillée des phénomènes électriques et du fonctionnement. — Appareils électriques d'automobiles. — Piles, accus, bobines, trembleurs, montages divers, etc. — Magnétos à basse et à haute tension, leur description. leur entretien, leur réglage, par L. Baudry de Saunier, 1 vol. grand in-8° 480 pages, 294 figures. Broché. — Prix...................... **12 fr.**

Eléments d'Automobile. Notions sommaires sur la question des voitures automobiles, sur leur fonctionnement, sur leur utilité. — Voitures à vapeur, voitures électriques, voitures à pétrole, par L. Baudry de Saunier, 1 vol. petit in-8°, 184 pages, nombreuses figures. Cartonné. — Prix... **2 fr. 50**

L'Art de bien Conduire une Automobile. Recueil des connaissances, des principes et des tours de main que doit posséder un conducteur pour tirer le meilleur parti possible de sa voiture, par L. Baudry de Saunier, 1 vol. in-16, 286 pages, 60 figures. — Prix cart. toile. **5 fr.**

Les Recettes du Chauffeur. Manuel pratique indiquant les procédés et les tours de main indispensable au conducteur d'une automobile. — Les remèdes aux pannes, etc. — Recueil de notions, procédés et recettes utiles à un conducteur de véhicule mécanique (Voiture, Motocycle, Motocyclette). — Indication des pannes principales et des remèdes à leur apporter, par L. Baudry de Saunier, 1 vol. petit in-8°, 638 pages, nombreuses gravures, 17e mille. Cartonné toile. — Prix......... **12 fr.**

Bière.

Manuel du Chimiste Brasseur, par E. Fontaine, Ingénieur-Chimiste, un beau volume in-16, 65 figures dans le texte, cartonné toile anglaise (1911). — Prix.................................. **5 fr.**

Manuel pratique de la Fabrication de la Bière, par P. Boulin, chimiste-industriel; un gros volume in-16, avec figures dans le texte et une planche (plan d'une grande brasserie). — Préparation du malt. — Brassage. — Le moût. — Houblonnage. — Fermentation. — Levure. — Mise en levain, etc. — Les fûts. — Caves. — Clarification. — Diverses méthodes de brassage. — Analyse. — Falsification, etc.... **9 fr.**

Tables du Degré de Fermentation et du rendement en extrait donnés immédiatement sans calcul, por Jean Stauffer, professeur à l'Ecole de brasserie de Munich. 1 grand volume in-8° de 964 pages. Cartonné toile. — Prix.............. **10 fr.**

Bois, Arbres, Machines diverses (Voir Scieries).

Traité de Sylviculture générale. Culture, Aménagement et Gestion des Forêts, par Alexis Frochot, sous-ingénieur des forêts. — 1 volume in-8°, 264 pages, 41 figures. — Prix.................... **10 fr.**

L'Industrie chimique des Bois. Leurs dérivés et extraits industriels, par P. Dumesny et J. Noyer, ingénieurs-chimistes, 1 vol. in-8°. Nombreuses figures dans le texte. — Prix, broché.......... **12 fr.**
— Reliure toile anglaise **15 fr.**

Table des Chapitres

1re Partie. — *La distillation du bois* : Généralités. — Propriétés physiques et chimiques. — Principaux procédés de carbonisation du bois.— Industrie de l'acide acétique. — Acétates et alcool méthylique. — Produits secondaires de la distillation des bois et industries utilisant chimiquement le bois. — Partie analytique.

2ᵉ Partie. — *Fabrication d'extraits divers* : Extraits de châtaignier. — Matériel et appareillage pour le traitement du bois de châtaignier. — Type d'usine d'extraits. Capital à engager. Calcul du prix de revient. — Importance et nombre d'usines en France, en Corse et en Italie. — Usage et mode d'emploi des extraits en tannerie. — Fabrication de l'extrait de chêne. — Fabrication de l'extrait de quebracho. — Fabrication d'extraits de sumac. — Des matières tannantes diverses. — Fabrication des extraits de campêche. — Analyse des matières tannantes, etc.

Tarif métrique pour la réduction des bois en grume et de la charpente de trois en trois centimètres, suivi d'un tarif pour la réduction des sapins, par L. Godart et O. Périnet, marchands de bois, in-18, 11ᵉ édition. — Prix .... **4 fr. 50**

Bougies (Voir Savons).

Théorie et pratique de la Fabrication des Bougies, des Chandelles et Savons de Toilette, par Léon Droux et V. Larue, ingénieurs-chimistes; in-8° de 592 pages, 108 figures dans le texte et un atlas de 19 planches in-4°, cartonnage toile anglaise. **20 fr.**

Boulangerie et Meunerie.

Manuel du Boulanger et du Pâtissier-Boulanger. Boulangerie et Pâtisserie-Boulangère françaises et étrangères, par E. Favrais, boulanger-pâtissier à Paris, fondateur de l'Ecole professionnelle de la boulangerie, 1 beau volume in-8° avec 124 figures dans le texte, 2 planches en noir et 17 planches en couleur. — Prix........... **12 fr.**
Le même ouvrage sans les planches en couleurs...... .... **6 fr.**

Guide pratique de la Meunerie et de la Boulangerie, par Pierre Marmay, ancien meunier, 1 volume in-8° de 144 pages avec atlas de 9 planches in-4° gravées sur acier, 1863. — Prix réduit... **5 fr.**

Bridge.

Manuel pratique et scientifique du Jeu de Bridge, par E. Réveillaud. 1 volume in-16. Cartonnage toile anglaise, 1910. — Prix .... **4 fr.**

Briques et Tuiles.

Nouveau Manuel du Briquetier : Briques, Tuiles, Carreaux, par Émile LEJEUNE et BONNEVILLE, revu et augmenté par H. DE GRAFFIGNY; in-16, nombreuses figures. — Reliure toile anglaise. Prix.. **10** fr.

La Pierre artificielle. — Fabrication des briques et matériaux de construction en grès silico-calcaire, par Ernest STOFFLER, ingénieur civil, 120 pages, 100 figures dans le texte. — Prix................... **4** fr. **50**

Préparation des matières premières. — Chaux. — Sable. — Broyage.— Mélange. — Moulage. — Durcissement. — Moteurs. — Appareils. — Installation des usines. — Prix de revient. — Essai des produits.

Caoutchouc.

Les Courroies en Caoutchouc. Calcul et emploi, par R. BOBET, ingénieur, in-16, 1897. — Prix.................................... **1** fr.

Au Pays du Caoutchouc, par Eugène ACKERMANN, ingénieur civil des Mines, 1 volume in-12 de 61 pages avec 3 phototypies. — Prix **1** fr. **50**

Carrosserie.

La Carrosserie. Poids des voitures, roues, essieux, ressorts, suspension de voitures, avant-trains, caisses, voitures diverses, appareils enregistreurs de la vitesse, du tirage et de la douceur de suspension, par G. ANTHONI, in-8', 64 pages, 41 figures et 1 planche, 1878. — Prix. **3** fr.

Chaleur.

La Chaleur. Leçons élémentaires sur la thermométrie, la calorimétrie, la thermodynamique et la dissipation de l'énergie, par J. CLERK MAXWELL F. R. S., édition française d'après la 8e édition anglaise, par G. MOURET, ingénieur des ponts et chaussées, avec préface de M. A. POTIER, membre de l'Institut, in-16, figures dans le texte. — Prix... **6** fr.

Chauffeurs (Voir AUTOMOBILES, MÉCANIQUE et MACHINES)

Catéchisme des Chauffeurs et des Machinistes, traitant de la législation, de la combustion, de l'entretien, de la conduite des machines, mise en marche, description des organes, arrêt, machines spéciales, chaudières, foyers, appareils de sûreté, etc., 7e édition, revue et augmentée d'un appendice, in-16, figures dans le texte. — Prix... **2** fr.

Chaux et Plâtres (Voir BRIQUES et TUILES).

Manuel du Chaufournier et du Plâtrier, du fabricant de bétons et mortiers hydrauliques, par Emile LEJEUNE, ingénieur. Nouvelle édition, revue par H. de GRAFFIGNY, 1 beau volume in-16, figures dans le texte. — Prix.. **7** fr. **50**

Chemins de fer.

Calcul des Voies. Partie théorique et Formules, par J. Maridet, chef de section P.-L.-M., in-8º, 1876. — Prix réduit........... **2 fr. 50**

Le Chemin de fer glissant de Girard et Barre, par M. Max de Nansouty, ingénieur des Arts et Manufactures (1890), 1 vol. in-12, 39 pages, 12 figures dans le texte. — Prix .... **1 fr 50**

Chimie pure et appliquée.

Dictionnaire de Chimie industrielle, contenant toutes les applications de la Chimie à l'Industrie, à la Pharmacie, à la Métallurgie à l'Agriculture, à la Pyrotechnie et aux Arts et Métiers, avec la traduction russe, anglaise, allemande, espagnole et italienne des principaux termes techniques, par M. A.-M. Villon, ingénieur-chimiste, professeur de technologie chimique, et par M. P. Guichard, Président de la Société de Pharmacie, Membre de la Société chimique de Paris; 3 beaux vol. in-4º, 2.300 pages, 1.200 figures. — Prix : broché...................... **75 fr.**

relié en 2 vol. demi-chagrin. **80 fr.**

On vend séparément : Le tome Iᵉʳ, **30 fr** ; le tome II, **25 fr** ; le tome III, **25 fr.**
Un prospectus spécial est envoyé sur demande.

Formulaire général des Réactions et Réactifs chimiques et microscopiques, comprenant les réactions et réactifs usités en analyse. Papiers réactifs et indicateurs. Procédés microscopiques de coloration simple, double ou triple des coupes ou préparations. Formules de solutions microbiologiques fixantes, clarifiantes, antiseptiques, décalcifiantes, désagrégeantes, etc. Formules de masses d'injection, d'inclusion, de montage, de ciments pour préparations, etc., etc., par Raoul Roche; un beau vol. in-8º. — Prix : broché .... **7 fr. 50**

Cartonné toile....................................... **9 fr.**

Revue de Chimie industrielle. Revue des produits chimiques, couleurs, teinture, métallurgie, distillerie, pyrotechnie, engrais, comestibles, analyses industrielles, électrochimie, réunis avec *la Revue de Physique et de Chimie et de leurs applications industrielles*, fondée par MM. Schutzenberger et Lauth. — Les années 1890 à 1910 forment 21 beaux volumes in-4º. — Prix de chaque volume................. **15 fr.**

Prix des abonnements (du 1ᵉʳ janvier de chaque année) :

France et Colonies.................................... **12 fr.**
Etranger... .... **15 fr.**
Spécimen gratuit à toute personne qui en fait la demande.

Dictionnaire des Analyses chimiques. Répertoire alphabétique des analyses de tous les corps naturels et artificiels, depuis l'origine de la chimie jusqu'à nos jours, second tirage augmenté de 400 analyses nouvelles, par Violette et J. Archambault, 2 gros volumes in-8º, à deux colonnes, 1860. — Prix réduit .... **8 fr.**

Nouvelles Manipulations chimiques simplifiées, ou *Laboratoire économique de l'étudiant*, contenant la description d'appareils simples et nouveaux, suivi d'un cours de chimie pratique, à l'aide des instruments, 3ᵉ édition, par Henri VIOLETTE, 1 volume in-8°, 476 pages, avec 30 tableaux et 227 figures dans le texte, 1860. — Prix réduit.. **5 fr.**

Principes de Chimie, par DIMITRI MENDÉLÉEFF, professeur à l'Université de Saint-Pétersbourg (édition française), par MM. ACHKINASI et CARRION, avec préface par M. le professeur Armand GAUTIER, 2 volumes in-16, cartonnés.

TOME I. — L'étude de la chimie. — L'eau et ses combinaisons. — Composition de l'eau et hydrogène. — L'oxygène. — Ozone et peroxyde d'hydrogène. — Loi de Dalton. — Azote et air atmosphérique. — Composés hydrogénés de l'azote. — Molécules et atomes. — 1 volume in-16, nombreuses figures, 585 pages. — Prix............................ **7 fr. 50**

TOME II. — Carbonate et hydrocarbures. — Chlorure de sodium. — Les Halogènes : chlore, brome, iode, fluor. — Potassium, rubidium, cesium, lithium. — Capacité calorique des métaux. — Similitude des éléments et Loi périodique. 1 vol. in-16, figures dans le texte, 499 pages **7 fr. 50**

Chocolat.

Manuel pratique du Chocolatier. Le Cacaoyer et sa culture. — Examen et choix du cacao. — Aromates. — Fabrication du chocolat. — Mélange. — Broyage et finissage. — Installation d'une chocolaterie moderne. — Différentes sortes de chocolat. — Moulage et empaquetage. — Falsification. — Par L. DE BELFORT DE LA ROQUE ; in-16, nombreuses figures. — Prix.. **4 fr. 50**

Combustibles (Voir GAZ, HOUILLE et TOURBE).

Étude sur les Combustibles en général et sur leur emploi au chauffage par les gaz. — Historique. — Etudes des combustibles et des gaz qu'ils fournissent. — Anthracites et houilles. — Lignites. — Tourbe. — Bois. — Goudrons et huiles minérales. — Epuration des gaz et combustion. — Lavage et épuration des gaz. — Emploi des combustibles solides. — Production de la vapeur. — Dégénération et récupération. — Gazogènes en général. — Description des appareils. — Par M. LENCAUCHEZ, ingénieur civil ; 1 volume, grand in-8°, 344 pages, 55 figures dans le texte et un atlas de 31 pl. in-folio. — Prix.................... **16 fr.**

Comptabilité.

Traité général théorique et pratique de Comptabilité commerciale, Industrielle et Administrative, par G. OPPELT. — Ouvrage adopté pour l'Enseignement. 1 volume in-8° (1876), 367 pages. — Prix réduit............................... **4 fr.**

Conserves.

Manuel des Conserves alimentaires. Fruits, Légumes, Poissons, Gibier et animaux de boucherie, in-16, nombreuses figures, par R. de Noter. 2ᵉ édition. — Prix.. **3 fr.**

Corne.

Manuel pratique du Travail Artistique de la Corne, par Joseph Pégat, professeur. — Un volume in-8°, avec 37 figures dans le texte (1911). — Prix.. **2 fr.**

Corps gras.

Les Corps gras. Huiles végétales, non-siccatives, siccatives. — Huiles animales, — Graisses végétales. — Graisses animales. — Suifs. — Cires. Matières grasses minérales. — Lubrifiants, etc. — Par A.-M. Willon, ingénieur-chimiste, in-16, figures dans le texte. (2ᵉ tirage) — Prix.. **6 fr.**

Le Frottement, le Graissage des Machines et les Lubrifiants. par R. H. Thurston, professeur à l'Université de New-York, 2ᵉ édition française; 1 vol. in-16, avec figures dans le texte. **4 fr.**

Couleurs (Voir Teinture et Vernis).

Nouveau Manuel du Fabricant de Couleurs. Couleurs industrielles, Couleurs fines, Emploi des couleurs. — Gouache. — Pastel, etc., par M. Coffignier, ingénieur-chimiste, Directeur de l'Usine des Couleurs de la Société des Matières colorantes, 1 beau volume in-8°, avec figures. — Prix : broché................................ **10 fr.**
cartonné .... **12 fr.**

Manuel pratique de la Fabrication des Couleurs. Matières premières employées dans la préparation des couleurs, essences, et vernis, par MM. R. Lemoine et Ch. du Manoir; 1 beau volume in-8°, 360 pages. — Prix.. **6 fr.**

Notions générales sur les Matières colorantes organiques artificielles. par Jules Mamy; 1 volume in-16, 72 pages. — Prix.. **1 fr. 50**

Distillation. — Alcools. — Liqueurs.

Guide pratique du Distillateur. Fabrication des Liqueurs. Distillation. — Rectification. — Filtrage. — Tranchage. — Générateurs. — Matières sucrées. — Conserves. — Sirops. — Punchs. — Miels et Hydromels. — Fruits à l'eau-de-vie. — Boissons gazeuses. — Liqueurs de ménage. — Par Edouard Robinet, (d'Epernay); 1 fort vol. in-16, 424 pages. — Prix.. **5 fr.**

Distillation. Traité ou Manuel complet, théorique et pratique, de la distillation de toutes les matières alcoolisables : grains, pommes de terre, vins, betteraves, mélasses, etc., contenant la description de tous les principaux appareils connus et en usage dans la pratique, par Charles STAMMER ; 1 volume, grand in-8°, 452 pages, accompagné de 88 figures dans le texte et de nombreux tableaux. Relié, 1880. — Prix réduit...... **12 fr.**

Fermentation spontanée sans, levure de bière. Travail de la mélasse de betteraves, par Jules KUNEMAN ; in-8° (1892).. **2 fr. 50**

Fabrication de l'alcool. 1re PARTIE. — Distilleries agricoles, par E. ROBINET et G. CANU, 1 volume in-16, 55 figures, cartonné. — Prix. **3 fr.**

2e PARTIE. — Tables de réduction et d'augmentation des degrés alcooliques, par P. DUSSERT ; 1 volume in-16, cartonné. — Prix.... **4 fr. 50**

Dorure, Argenture, etc. (Voir GALVANOPLASTIE).

Eaux.

Manuel pratique d'Analyse Micrographique des Eaux, par P. FABRE-DOMERGUE, directeur du Laboratoire de Zoologie maritime ; in-16, 10 fig. — Prix............................. **1 fr. 50**

Électricité.

Manuel pratique du Monteur-Électricien. Le Mécanicien-chauffeur-électricien. — Montage et conduite des installations électriques, etc., par J. LAFFARGUE, ingénieur-électricien, attaché au service municipal de contrôle des Sociétés d'électricité de la Ville de Paris. — Petit in-8°, reliure anglaise, 1.000 pages, 927 figures et 4 planches en couleurs. — Treizième édition, revue entièrement par L. JUMAU, ingénieur-électricien. — Prix........................ **10 fr.**

Catéchisme d'Électricité pratique. Premières leçons à la portée de tous. — Électricité statique. — Magnétisme. — Unités et mesures. Piles. — Accumulateurs. — Machines dynamo et magnéto-électriques. — Lampes et éclairage. — Téléphonie. — Sonneries. — Par Ernest SAINT-EDME, ancien professeur de physique à l'École Turgot. — 1 volume in-16, avec 73 figures, cartonné, 2e édition. — Prix................. **2 fr. 50**

Table des Chapitres. — Chapitre I. Généralités sur l'électricité statique. — Chapitre II. Magnétisme. — Chapitre III. Unités et appareils de mesure. — Chapitre IV. Les piles électriques, — Chapitre V Accumulateurs. — Chapitre VI. Les machines magnéto et dynamo-électriques — Chapitre VII. L'éclairage et les Lampes électriques. — Chapitre VIII. Tableaux de distribution; conducteurs; installations de lignes. — Chapitre IX. Téléphonie. — Chapitre X. Sonneries électriques.

Manuel pratique du Constructeur Electricien, par

MM. G. Pardini, Cababin et L. J., ingénieurs-électriciens. 1 beau volume in-16, 624 pages, 388 figures, cartonné toile anglaise. — Prix........ 10 fr.

Définitions. — Lois. — Unités. — Généralités. — Classification des machines. — Matériaux employés et leurs propriétés. — Examen des pertes dans la construction. — Refroidissement des machines. — Construction des noyaux magnétiques. — Construction des enroulements et isolements. — Construction de la partie mécanique. — Construction des parties accessoires. — Essais. — Mesures sur les machines. Installation d'une usine. — Calcul des parties mécaniques. — Calcul des parties électro-mécaniques. — Diagrammes.

L'Électricité industrielle à la portée de tous, par

Cl. Créchet, ingénieur, Professeur du cours d'électricité de la ville du Havre.— 1 beau volume in-8°, 325 pages, 224 figures. — Prix. 2 fr. 50

Album de plans de pose d'Installations de la Lumière

électrique, par H. de Graffigny. — 32 planches hors-texte, avec explications. In-8°, cartonné. — Prix........................ 3 fr. 50

Album de plans de pose d'Installations téléphoniques, par H. de Graffigny, 32 plans hors-texte, avec explications,

in-8°, cartonné. — Prix .... 3 fr. 50

Album de plans de pose de Sonneries électriques et

de Paratonnerres, par H. de Graffigny, 32 plans hors-texte, avec explications, in-8°, cartonné. — Prix.................... 2 fr. 50

Manuel de l'Apprenti et de l'Amateur électricien.

Cinq volumes in-16, avec de nombreuses figures dans le texte, par MM. Marie Zéda et de Graffigny.

1re Partie. — **Principes d'électricité. Machines électriques** : Historique. — Courant. Electrochimie. — Magnétisme. — Electromagnétisme — Capacité. — Unités de mesure. — Machines magnéto et dynamo élec triques. — Courants alternatifs, etc., 2ᵉ édition, par R. Marie; in-16, fig. 1 à 104. — Prix.. **2** fr.

2ᵉ Partie. — **Sonneries électriques, Paratonnerres** : Sonneries, Mécanisme. — Les piles. — Installation des sonneries simples, tableaux indicateurs. — Lignes aériennes. — Paratonnerres, etc., par H. Zéda; in-16, figures 105 à 203. — Prix.................................... **2** fr.

3ᵉ Partie. — **Téléphonie pratique** : Historique du téléphone. — Matériel et appareillage pour les lignes téléphoniques. — Les téléphones domestiques. — La téléphonie à grande distance. — Installation des réseaux téléphoniques. — Les bureaux téléphoniques centraux. — Défauts et réparations, etc., 2ᵉ édition, par H. Zéda. In-16, figures 204 à 285. — Prix. **2** fr.

4ᵉ Partie. — **Tramways et Chemins de fer électriques** : généralités sur la traction électrique. — Traction par prise de courant électrique. — Système moteur. — Traction par accumulateur. — Traction par système générato-moteur. — Chemins de fer à traction électrique. — Traction par unités multiples. — Métropolitain de Paris. — Traction par courants alternatifs. — Traction électrique sur routes. — Chemin de fer électrique suspendu, par R. Marie. In-16, fig. 286 à 317. — Prix..... **2** fr.

5ᵉ Partie. — **Éclairage électrique dans les appartements** : De l'éclairage électrique en général. — Production et mesure de l'électricité. — L'éclairage électrique par les piles. — Installations de lumière sur secteurs. — Les lampes électriques portatives. — Eclairage électrique domestique par les machines. — Installations d'éclairage particulier, etc., par H. de Graffigny. In-16, figures 318 à 386, 2ᵉ édition. — Prix............ .... **2** fr.

Les Lampes électriques. Régulateurs, — Incandescence. — Par P. d'Urbanitzki. — Deuxième édition française, revue et augmentée, par Georges Fournier, ingénieur-électricien. — Un beau volume in-16 de 250 pages avec 126 figures dans le texte. — Prix.............. **4** fr. **50**

Manuel pratique de l'installation de la Lumière électrique, par J.-P. Anney, ingénieur-électricien.

1ʳᵉ Partie. — Installations privées. — Troisième édition. — 1 beau vol. in-16 de 344 pages, avec 135 figures dans le texte. — Prix......... **5** fr.

2ᵉ Partie. — Stations centrales. — 1 beau volume in-16, avec 99 fig. dans le texte et 10 planches, dont 8 en couleurs. — Prix.......... **7** fr.

L'Électricité dans la Maison moderne, par Ernest Coustet, ingénieur-électricien. — Production du courant. — Eclairage. — Chauffage. — Moteurs domestiques. — Assainissement. — Sonneries. — Horloges. — Téléphone. — Paratonnerres. — 1 fort volume in-16, avec 185 figures. — Prix cartonné................................. **4** fr. **50**

Les Compteurs d'Électricité, par Ernest Coustet. 1 beau vol. in-16 avec 56 figures dans le texte — Prix................... **2** fr. **50**

Câbles d'Éclairage électrique et Distribution de l'Électricité, par Stuart A. Russel. — Traduit avec l'autorisation de l'auteur par G. Formentin. — 1 fort volume in-16, avec 108 figures dans le texte. — Prix, reliure toile anglaise .... **6** fr.

Aide - Mémoire de l'Ingénieur-Électricien. Recueil de

tables, formules et renseignements pratiques à l'usage des électriciens,
par G. Duché, B. Marinovitch, E. Meylan et G. Szarvady. — Sixième
tirage, augmenté par P. Juppont, ingénieur des arts et manufactures. —
1 beau volume in-16, nombreuses figures intercalées dans le texte, cartonnage anglais. — Prix.. **6 fr.**

Terminologie électrique. Vocabulaire français, anglais, alle-

mand, des termes employés en électricité, par G. Fournier, ingénieur-
électricien *(1887)*, 1 vol. in-12, 40 pages. — Prix.................. **1 fr.**

Les Applications de l'Électricité, par Th. du Moncel, ingé-

nieur-électricien (1885), 5 vol. in-8°, nombreuses figures dans le texte.
Cartonné. 1ʳᶜ et 2ᵉ parties : Technologie électrique ; 3ᵉ partie : télégraphie
électrique ; 4ᵉ partie : Applications mécaniques de l'électricité ; 5ᵉ partie :
Applications industrielles de l'électricité. Les 5 volumes (publiés à 50 fr.)
Prix réduit... **20 fr.**

Manuel de Construction et d'emploi des Machines et Appareils électriques, par A. Luzy, professeur à Lille, 1 volume

in-8°, figures dans le texte, 1909. — Prix......................... **6 fr.**

Electrolyse (Voir Galvanoplastie.).

L'Électrolyse et l'Électro-Métallurgie, par Edouard Japing,

ingénieur-électricien, — 3ᵉ édition française, augmentée d'un appendice
sur l'électro-métallurgie à l'exposition de 1900, par L. Guillet, ingénieur-
chimiste, 1 volume in-16 illustré de nombreuses figures dans le texte. —
Prix... ... **4 fr.**

Encres et Cirages.

Fabrication des Encres et Cirages. *Encres à écrire, à copier,*

métalliques, à dessiner, lithographiques. — Cirages, vernis et dégras. —
Encres à écrire. — Matières premières. — Constitution chimique. —
Fabrication des encres à l'acide tannique. — Encres à l'acide gallique.—
Encres au campêche. — Encres au sesquioxyde de fer. — Encres à l'ali-
zarine. — Encres de matières extractives. — Encres à copier. — Encres
hectographiques. — Encres de sûreté. — Extraits d'encres et encres en
poudre. — Conservation de l'encre. — Encres de couleur. — Encre métallique. — Encres solides. — Encres et crayons lithographiques. —
Crayons autographiques. — Crayons d'encre. — Crayons de couleur. —
Encre à marquer. — Encres spéciales. — Encres sympathiques.— Encres
pour timbres et tampons. — Bleu d'azurage du linge. — Fabrication du
cirage pour chaussures, des vernis, et de la graisse pour le cuir. —
Fabrication du noir d'os. — Fabrication du dégras. — Deuxième Édition
française, par Desmarest, d'après Lehner et Brunner. — 1 vol. in-16 de
345 pages. — Prix.. **5 fr.**

Ferblantier.

Manuel théorique et pratique du Ferblantier, par Ortlieb, professeur de dessin industriel, contre-maître d'usine, in-8° 297 figures dans le texte. — Prix.................................... **6 fr.**

Galvanoplastie, Dorure, Argenture. (Voir Electrolyse).

Manuel pratique de Dorure-Argenture, Nickelage et Coloration des métaux, par J. Ghersi et P. Conter. Edition française par A. Gayet, ancien Professeur de l'Université. — Cuves. — Moulages. — Métallisation des substances non conductrices. — Polissage des métaux. — Dorure. — Argenture galvanique. — Nickelage. — Cuivrage. — Platinage. — Le Fer. — Etamage. — Aluminage. — Plombage. — Zingage. — Antimonage et autres métaux. — Alliages. — Coloration des métaux. — Produits employés en galvanoplastie, etc. — Un beau volume in-8 de 255 pages et figures. — Prix.................... **4 fr 50**

Manuel de Galvanoplastie. Dorure, argenture, cuivrage, nickelage, étamage, par Georges Brunel; 1 volume in-16, avec 28 figures dans le texte. — Prix.. **4 fr.**

La Galvanoplastie. Histoire et procédés. — Dorure. — Argenture. — Nickelage. — Photogravure sur zinc et cuivre à la portée des amateurs, par Paul Laurencin. — 1 vol. in-16, 5e édition, cartonné. — Prix. **3 fr.**

Gaz (Voir Combustibles).

Fours à gaz et à chaleur régénérée, de M. Siemens, par F. Kranz, ingénieur des Mines, professeur de métallurgie à l'Université de Louvain, in-8°, 6 planches (publié à 10 fr). — Prix réduit...... **5 fr.**

Géodésie (Voir Mines).

Manuel pratique de Géodésie, par G. Dallet, du Service géographique de l'Armée; in-16, fig. dans le texte. — Prix........... **4 fr.**

Géologie (Voir Mines).

Éléments de Géologie. Notions sommaires sur les roches. — Phénomènes actuels d'origine externe. — Phénomènes actuels d'origine interne. — Constitution générale de l'écorce du globe. — Ere primaire. — Ere secondaire. — Ere tertiaire. — Ere quartenaire. — Géologie de la France, par E. Nivoit, 368 pages. 156 fig., 1 carte géologique — Prix. **2 fr.**

Goudrons.

Étude sur les Goudrons et leurs nombreux dérivés, par Knab, ingénieur-chimiste, grand in-8° de 102 pages avec 8 figures (1884). — Prix.. **3 fr.**

Horlcgerie.

L'Horlogerie électrique, par A. TOBLER, professeur à l'École Polytechnique de Zurich, 2ᵉ édition française revue et augmentée, par L. DE BELFORT DE LA ROQUE, ingénieur civil, 1 vol. in-16, avec 65 figures dans le texte. — Prix.. **3 fr.**

Hydraulique, Turbines.

Les Fontaines lumineuses à l'Exposition de 1889, par DELANNOY, ingénieur, in-8ᵒ, 1889, nombreuses figures. — Prix **0 fr. 75**

Construction des Turbines et des Pompes centrifuges, par Lucien VALLET, ingénieur constructeur. — 1 volume in-8ᵒ et atlas de 15 planches (1875). — Prix................................ **15 fr.**

Les Cours d'eau. Hydrologie. — Généralités. — Torrents, lacs et rivières. — Petits cours d'eau et fossés de dessèchement. — Cultures permanentes. — Législation. — Eaux pluviales et sources. — Des cours d'eau non navigables et non flottables. — Des rivières flottables à bûches perdues. — Des fleuves et rivières navigables ou flottables, par MM. C. LÉCHALAS, DE LALANDE et SARRAT, 2ᵉ édition revue augmentée, 375 pages, 38 figures. — Prix.. **2 fr.**

Ingénieur.

Carnet de l'Ingénieur. Recueil de tables, de formules et de renseignements usuels et pratiques sur l'industrie, chimie, physique, mécanique, machines à vapeur, hydraulique, résistance, frottements, etc., à l'usage des ingénieurs, des constructeurs, des architectes, des chefs d'usines, des mécaniciens, des directeurs et conducteurs de travaux, des agents-voyers, des manufacturiers et des industriels; par une réunion d'ingénieurs et de savants français et étrangers (Carnet Lacroix); 1 vol. in-16, cartonné, format de poche, 400 pages petit texte compact, avec nombreuses figures, etc. — 53ᵉ tirage. — Prix................ **4 fr. 50**

Lait, Lactose.

Fabrication du Lactose, par FRANCIS J. G. BELTZER, Ingénieur-chimiste (sous presse). — Prix..................................... **4 fr.**

Laiterie, Beurre et Fabrication des Fromages. Lait. — Analyse. — Conservation. — Écrémage. — Barratage. — Beurre. — Conservations. — Fromages mous, frais, affinés, cuits, etc., 2ᵉ édition, par E. RIGAUX, professeur à l'École d'Agriculture de Mende, 320 pages, 73 figures. — Prix.. **3 fr.**

Principes de Laiterie. Constitution physique du lait. — Constitution chimique du lait. — Les microbes du lait. — Études de quelques fermentations spéciales. — Méthodes d'analyse du lait. — Traitement commercial du lait. — Écrémage naturel. — Ecrémage centrifuge. — Barattage du lait ou de la crème. — Le beurre. — Principes généraux

de la fabrication des fromages. — Divers types de fromage. — Fromage
pâte ferme et à pâte molle, par E. Duclaux. 1 volume 361-xxv pages.
Prix.. **3 fr. 50**

Laminage (Voir MÉCANIQUE et MACHINES).

Manuel pratique de Laminage du Fer. Principe du laminage. — Influence du diamètre des cylindres.—Influence de la vitesse. —
Influence de la nature, de l'état calorique et de la manière dont on présente le fer aux cylindres. — Application des principes du laminage. —
Classement des trains de laminoirs. — Règle du tracé des cannelures. —
Classification des trains de laminoirs. — Trains de puddlage. — Gros
train n° 1. — Gros train n° 2. — Train cadet. — Train à guides. — **Train**
mixte. — Train machine. — Généralités sur les cylindres. — Classification des cylindres. — Lignes des cannelures. — Entrée des cannelures.
— Sortie des cannelures. — Guidage des cylindres. — Levage des cylindres.
— Montage des cylindres dans les cages. — Guidage du fer à l'entrée et
à la sortie des cylindres. — Tracé des cannelures.

Acier : Dégrossisseurs ogives. — Dégrossisseurs carrés. — Mises du
puddlage. — Fers plats. — Gros ronds. — Gros carrés. — Feuillards. —
Fers en U. — Fers à T doubles cornières. — Fers à simple T. — Fers à
paumelles. — Fers zorès. — Rails. — Fers à bourrelets. — Fers demi-
ronds. — Vitrages et demi-vitrages. — Fers à nœuds pour crampons. —
Petits carrés aux guides. — Petits ronds droits aux guides.

Par F. Neveu et L. Henry, ingénieurs-métallurgistes; 1 volume in-16,
avec 6 figures et 10 tableaux et atlas de 117 planches in-folio. Prix.   **40 fr.**

Mécanique et Machines.

**Éléments proportionnels de Constructions méca-
niques,** disposés en séries propres à faciliter l'étude et l'exécution des
diverses pièces détachées des constructions mécaniques, par D.-A. Casa-
longa, ingénieur civil, ancien élève des Arts et Métiers; 1 vol. cartonné,
grand in-4°, texte et 64 planches. (1874) — Prix réduit... ...... **7 fr. 50**

Des Régulateurs appliqués aux Machines à vapeur,
par V. Lebeau, in-8°, 10 figures (1890). — Prix.................... **2 fr.**

Incrustation des Chaudières à vapeur et divers moyens de
la combattre, par A. Brull et A. Langlois, in-8°, 104 pages, 5 planches,
(1870). — Prix réduit... **2 fr.**

Traité pratique de Filetage, à l'usage de tous les mécaniciens,
par J. Cady, 10ᵉ édition, 1906. — Prix....................... **2 fr. 25**

Méthodes de Calculs applicables aux diagrammes des machines à
vapeur, avec tables de densités et de volumes de la vapeur sous différentes
pressions, par Queruel (A.), ingénieur civil, 1 vol. in-8°, 1881. — Prix   **2 fr.**

Manuel de l'Ouvrier Mécanicien. 9 vol. in-16 avec nombreuses

figures dans le texte, par M. Georges Franche, ingénieur-mécanicien
(Arts et Métiers, E. C. P.).

1re Partie. — *Principes de mécanique générale :* Statique, Cinématique,
Dynamique, Théorie de la chaleur. — In-16 cartonné, figures 1 à 95,
2e édition. — Prix... **2 fr.**

2e Partie. — *Outils, Machines-Outils :* Travail du bois. — Travail des
métaux. — In-16 cartonné fig. 96 à 174 3e édition. — Prix........ **2 fr.**

3e Partie. — *Forge et Fonderies :* Travail du fer. — Travail du cuivre.
In-16 cartonné, fig. 175 à 317, 2e édition. — Prix.................. **2 fr.**

4e Partie. — *Engrenages et Transmissions :* Engrenages cylindriques,
coniques, hélicoïdaux. — Transmissions fixes. — Arbres. — Poulies. —
In-16, cartonné, figures 318 à 406, 2e édition — Prix............... **2 fr.**

5e Partie. — *Boulons, Rivets, Chaudronnerie :* Assemblage. — Filetage
et taraudage. — Chaudronnerie de fer. — Chaudronnerie de cuivre. —
Chaudières. — In-16 cartonné, figures 407 à 573, 2e édit. — Prix.. **2 fr.**

6e Partie. — *Machines à vapeur :* Principes. — Fonctionnement. —
Machines à vapeur. — Turbo-moteurs. — Conduite. — Graissage. —
— Régulateurs. — Précautions générales. — Figures 574 à 700, 3e édition.
— Prix... **2 fr.**

7e Partie. — *Moteurs fixes à gaz et à pétrole :* Historique. — Théorie.
— Moteurs divers à pétrole. — Moteurs à gaz pauvres. — Moteurs
spéciaux. — Moteurs à combustibles quelconques. — Figures 701 à 801,
3e édition. — Prix... **2 fr.**

8e Partie. — *Moteurs hydrauliques, Roues, Turbines, Pompes :* Théorie
et généralités. — Roues hydrauliques. — Tracés. — Roues diverses. —
Turbines, Dispositions générales, Turbines diverses. — Pompes à pistons,
Pompes centrifuges. — Figures 802 à 872, 2e édition. — Prix.... **2 fr.**

9e Partie. — *Montage des Machines,* par P. Blancarnoux : Fondations.
— Chaudières. — Cylindres et Compléments. — Pistons et Tiroirs. —
Bielles et Manivelles. — Arbres et dérivés. — Tuyaux. — Joints. — Accessoires. — Arbres et supports. — Engrenages et Poulies. — Courroies et
Câbles. — Chaudières. — Machines. — Auxiliaires. — 200 figures. —
Prix... **2 fr.**

Études expérimentales sur l'effet utile dans le Martelage,

par E. Deny, ingénieur aux Forges de Monterhausen,
ancien élève de l'école de Châlons. 1 volume in-8° avec nombreuses
figures et planches, 1875. — Prix...................................... **2 fr.**

Cours de Chaudières et de Machines à vapeur.

Théorie et pratique, par L. Poillon, ingénieur mécanicien (1877), avec
supplément (1879), 2 beaux volumes in-8°, 687 pages et 14 planches. —
Publié à **30 fr.** — Réduit à................................... **7 fr. 50**

Mines. — Minéralogie. — Marbre.

Manuel pratique de l'Exploitation des Mines.

Vocabulaire Anglais, Français, Espagnol, des termes usités dans l'industrie minière. — Législation des mines. — Travaux de recherches. —

Prospection. — Différentes sortes de sondage. — Fonçage des puits. — Méthodes d'exploitation. — Ventilation. — Aérage. — Cloisonnement. Abattage. — Explosifs. — Lampes de sûreté. — Perforatrices mécaniques. — Abattage mécanique. — Soutènement. — Bois de mines. — Roulage. — Traînage. — Câbles transporteurs aériens. — Extraction. — Machines d'extraction. — Epuisement. — Machines d'hexhawe. — Traitement du minerai. — Préparation mécanique des minerais. — Lavaeg des charbons. — Fours à coke. — Prescriptions de sécurité. — Outils de mineurs, etc., par D. Lupton et P. Bellet, ingénieurs des mines. 1 beau vol. in-16 de 569 p., 512 fig. Cart. toile angl. 1911. — Prix **10 fr.**

Manuel pratique du Prospecteur. — Guide du Prospecteur
et du voyageur pour la recherche des métaux et des minéraux précieux, par J.-W. Anderson. — 2e édition française, d'après la huitième édition anglaise, par J. Rosset, ingénieur civil des Mines. — In-16, 73 figures dans le texte (1910). — Prix, cartonné toile .... **5 fr.**

Cours de Minéralogie professé à l'École Centrale,
par de Selle, professeur à l'École Centrale. — Minéralogie; phénomènes actuels. Les dix-huit premiers chapitres traitent des phénomènes qui ont bouleversé notre globe; les chapitres suivants traitent de la minéralogie et donnent la description de toutes les espèces et variétés minérales considérées comme indiscutables et classées par familles; 1 fort volume de 585 pages in-8° et 1 atlas de 147 planches comprenant 978 figures et 27 tableaux. (Publié à 25 fr.) — Prix réduit.... .... **7 fr. 50**

Étude pratique sur l'Industrie des Marbres en France, par Tournier, in-8° broché, 60 pages. — Prix .... **3 fr.**

Naturaliste.

Manuel pratique du Naturaliste-Empailleur. — La
Taxidermie à la portée de tous. — Dépouillement des oiseaux. — Bourrage et montage des oiseaux. — Dépouillement et mise en peau des mammifères. — Têtes d'animaux avec cornes, polissage et montage des cornes. — Dépouillement, bourrage et moulage des poissons. — Conservation, nettoyage et teinture des peaux. — Conservation des insectes et des œufs d'oiseaux. — Boîtes pour les spécimens empaillés, par P. Halsuck et L. Gruny. 1 volume in-8° de 128 pages et 108 gravures. — Prix .... **3 fr.**

Navigation sous-marine.

La Navigation Sous-Marine. Bateaux sous-marins historiques. — Bateaux sous-marins actuels; par A.-M. Villon. — 1 volume in-16, 11 figures. — Prix.. **1 fr. 50**

Or (Voir Mines).

L'Or. Gîtes aurifères. Extraction de l'Or. Traitement du minerai. — Emplois et analyse de l'or. — Vocabulaire des termes aurifères. — Par H. de La Coux, ingénieur-chimiste; 1 beau volume in-16, nombreuses figures dans le texte. — Prix........................ **5 fr.**

Une Région aurifère dans l'Afrique occidentale. — Les territoires miniers du bassin de la Falémé, par Eug. Ackermann, ingénieur civil des Mines, 1 vol. in-12, 120 pages. — Prix..................... **3 fr. 50**

Parfumerie (Voir Savons).

Manuel du Parfumeur. Odeurs, essences, extraits et vinaigres de toilette, poudre, sachets, pastilles, émulsions, pommades, dentifrices; par W. Askinson; 2e édition française, par G. Calmels. — Histoire de la parfumerie. — Matières odorantes en général. — Matières odorantes extraites du règne végétal. — Matières animales. — Produits chimiques. — Préparation des matières odorantes. — Des falsifications des huiles essentielles. — Essences et extraits. — Parfumerie proprement dite. — Parfums de mouchoirs. — Parfums ammoniacaux. — Des parfums secs. — Pastilles fumigatoires. — Parfumerie cosmétique et hygiénique. — Préparation des émulsions, des poudres des pâtes, du lait végétal et des crèmes. — Des préparations employées pour l'hygiène des cheveux et de la bouche. — Parfumerie cosmétique. — Fards et produits servant à embellir la peau. — Préparation pour colorer les cheveux et préparations épilatoires. — Cires, bandolines et brillantines. — Des couleurs employées en parfumerie. — 1 fort volume in-16 avec 30 figures dans le texte. — Prix... **6 fr.**

Pêche.

Fabrication et emploi des Filets de pêche, par le commandant Vannstelle ; 1 vol. in-16, 64 figures. — Prix............. **3 fr.**

Nouveau manuel pratique du Pêcheur à la ligne. Matériel du pêcheur. — Travaux pratiques du pêcheur. — Les amorces. — Esches ou appats. — Différents genres de pêche à la ligne.

— Pêche particulière de chaque poisson. — Pêche en mer. — Législation de la pêche, par G. Lanorville, avec préface de R. de Saint-Aroman, 1 vol. in-8° colombier, 170 pages, 136 figures. — Prix... **3 fr.**

Pétrole.

Le Pétrole et ses applications, par Henry Deutsch (de la Meurthe).

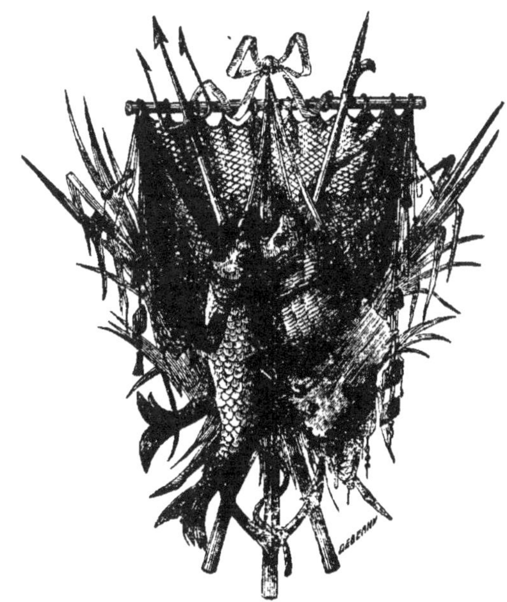

Notions générales. — Géograprahie. — Notions historiques. — Exploitation des gisements. — Physique et chimie. — Technologie. — Propriétés physiques. — Etude chimique des huiles minérales. — Les huiles minérales en général. — Action de la chaleur. — Etude particulière des huiles minérales suivant leur provenance. — Essai des huiles minérales. — Technologie du pétrole. — Traitement des pétroles américains. — Traitement des huiles russes. — Application. — Chauffage au pétrole. — Production de la force motrice. — Graissage — Applications industrielles diverses. — In-8°, 313 pages, 74 figures.
Prix : Broché.......... **5 fr.** — Cartonné............... **6 fr.**

Phonographe.

Le Phonographe et ses applications, par A.-M. Villon, ingénieur. — 1 vol. in-16, avec 36 figures dans le texte. — Prix....... **2 fr.**

Photographie.

Manuel de Photographie en Couleurs sur plaques à filtres colorés, par Ed. Coustet, in-8° 1908. — Prix..... **2 fr. 50**

Encyclopédie de l'Amateur - Photographe, par MM. G. Brunel, P. Chaux, E. Forestier et A. Reyner. 10 volumes in-16, près de 500 figures dans le texte. — Prix (les 10 volumes) **10 fr.**

Le Portrait dans les appartements. — Disposition et éclairage. — Les objectifs. — Lo mise au point. — Les écrans. — La pose et le maintien du modèle. — Différents procédés. — Conduite des 3pérations, par **A.** Reynier. — Prix............................ **2 fr.**

Physique.

Température et Énergie. Essai sur une équation de dimensions de la température, ses conséquences thermiques, ses corrélations avec les autres formes de l'énergie, par P. Juppont. 1 volume in-16, 97 pages, 1899. — Prix.. **2 fr. 50**

Piles (Voir Accumulateurs-Électrolyse).

Les Piles électriques et les Piles thermo-électriques, par W. Hauck. — Troisième édition française, par G. Fournier, ingénieur-électricien.— 1 fort vol. in-16, orné de 71 fig. dans le texte. Prix. **4 fr. 50**

Traité des Piles électriques. Piles Hydro-Thermo et Pyro-Electriques, par Donato Tommasi, docteur ès-sciences, in-16, 139 figures (publié à 12 fr. 50). — Prix réduit........................... **7 fr. 50**

Piles aux Bichromates. Applications industrielles des résidus provenant des piles aux bichromates, par Georges Fournier, ingénieur-électricien (1889), 1 vol. in-12, 58 pages. — Prix.............. **1 fr. 50**

Ponts.

Recueil pratique des Moments d'Inertie, à l'usage des ingénieurs et des constructeurs ayant à calculer ou à vérifier les conditions de résistance de tabliers métalliques, suivi de courbes graphiques représentant par mètre superficiel et suivant les portées, le poids moyen des différents tabliers métalliques établis sur les lignes du Nord, par H. Forest, ingénieur civil, chef du bureau des études du matériel des voies et des ouvrages métalliques au chemin de fer du Nord, ancien élève et répétiteur du cours de travaux publics à l'École Centrale des Arts et Manufactures. — 1 volume in-8°, 1877. — Prix.................... **4 fr.**

Traité de Construction de Ponts. Les poutres droites considérées au point de vue des forces extérieures, par D.-E. Winckler, traduit de l'allemand par M. Ch. d'Espine, ingénieur, ancien élève de l'Ecole polytechnique, de Zurich. — Grand in-8°, 252 pages, 123 figures dans le texte et 7 planches. — Prix.... .... **8 fr.**

Le Portugal.

Le Portugal moderne. Etude intime des conditions industrielles du pays, par E. ACKERMANN, ingénieur civil des Mines, 2 volumes in-12 ;
1re partie : L'industrie minière, 122 pages. — Prix.............. **2 fr.**
2me partie : L'Industrie et le Commerce, 125 pages. — Prix....... **2 fr.**

Radiographie.

Le Radium. La Radioactivité. — Rayons Becquerel. — Le Radium. — Propriétés physiques, physiologiques et chimiques. — Origines du rayonnement, etc., in-8° avec figures, par JEAN ESCARD. — Prix... **3 fr.**

Manuel pratique de Radiographie. Pratique des rayons X, par G. BRUNEL. — 1 vol. in-16, 56 figures, 3me édition. — Prix. **1 fr. 50**

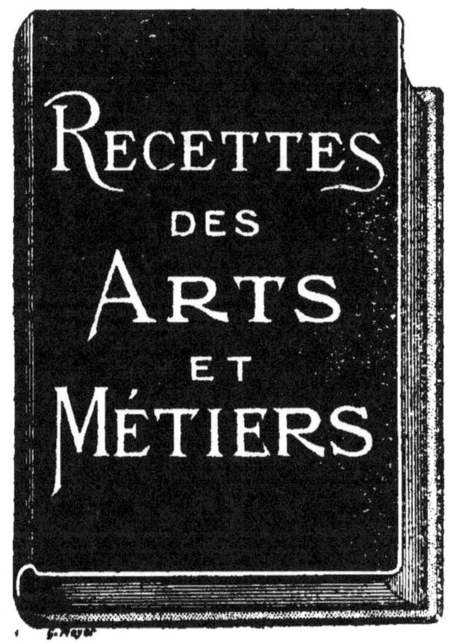

Recettes.

Les meilleures Recettes pratiques, par Daniel BELLET.

1er volume. — *Recettes de la vie domestique,* 247 pages. — Prix : cartonné.......... **2 fr.**
2me vol. — *Recettes de la Ferme et du Château.* — Prix : cartonné.................... **2 fr.**
3me vol. — *Recettes des Arts et Métiers.*— Prix : cartonné **2 fr.**

Savons (Voir BOUGIES).

Manuel pratique du Savonnier. *Savons communs, savons de toilette, mousseux, transparents, médicinaux, pâtes et émulsions, analyse des savons,* par MM. CALMELS et WILTNER, chimistes. — 1 vol. in-16, 26 figures, 3me édition française. — Prix..................................... **4 fr.**

EXTRAIT DE LA TABLE DES CHAPITRES : Historique des savons. — Réaction fondamentale de la saponification.— Des matières employées pour la fabrication des savons. — Préparation des lessives alcalines. — Fabrication du von. — De la saponification en général. — Classification des savons. —

Fabrication des diverses sortes de savons. — Savons médicinaux. — Moulage des savons. — Tableaux de cuisson. — Fabrication des savons par la vapeur. — Fabrication des savons de toilette. — Préparation de la masse destinée à la fabrication des savons de toilette. — Description des machines employées pour la fabrication des savons de toilette. — Couleurs et substances colorantes. — Recettes pour la préparation des savons de toilette. — Analyse des savons.

Scieries (Voir Bois).

Instruction pratique sur les Scieries. Contenant : l'étude et les valeurs de la résistance des matériaux à l'action de l'outil ; des considérations théoriques ; des résultats d'expériences et des règles pratiques pour la détermination des proportions et des vitesses des différentes parties des mécanismes, par P. Boileau, 2ᵐᵉ édition, 1 vol. in-8°, 108 pages, et 4 planches in-folio. -- Prix.................................... **5 fr.**

Soie.

La Soie artificielle. Cellulose. — Soie à base d'alcool, d'acide acétique, d'hydrate de cuivre, de chlorure de zinc, de viscose. — Procédés divers. — Conclusion, par P. Willems, ingénieur des Arts et Manufactures, in-8° avec échantillon. — Prix .... **4 fr.**

Manuel pratique de la Soie. Education des vers. — Filage des cocons. — Cuite. — Assouplissage. — Blanchiment. — Filature des déchets. — Moulinage. — Conditionnement des soies. — Teinture et dorure de la soie. — Par A. Villon, ingénieur à Lyon ; 1 fort volume in-16, nombreuses figures dans le texte. — Prix......................... **6 fr.**

Sondages (Voir Mines).

Manuel pratique de Sondages. Etudes et recherches souterraines par sondages à de faibles profondeurs, par Ed. Lippmann, ingénieur civil. — 1 vol. in-16, avec 5 planches. Prix, cartonné .... **4 fr. 50**

Sonneries Electriques (Voir Electricité).

Album de plans de pose de Sonneries électriques et de Paratonnerres, par H. de Graffigny, 32 plans hors texte, avec explications, in-8°, cartonné. — Prix.................... **2 fr. 50**

Les Sonneries électriques. Installation et entretien, par Georges Fournier, ingénieur-électricien, d'après O. Cantor. — Cinquième édition, revue et corrigée. — 1 volume in-16, avec 59 figures dans le texte. — Prix .... **2 fr. 50**

Extrait de la Table des Matières. — Préface. — Unités électriques. — Introduction. — Les sonneries électriques employées aux usages domestiques. — Les appareils avertisseurs automatiques. — Installation et pose des circuits et appareils. Règles à observer. — Exemple de pose et d'installation. — Calcul des intensités de courant nécessité dans la pratique. Exemples. — Les sonneries électromagnétiques.

Sonneries électriques, Paratonnerres. Sonneries, Mécanisme. -- Les piles. — Installations des sonneries simples, tableaux indicateurs. – Lignes aériennes. — Paratonnerres, etc., par H. Zéda. In-16, 98 figures. — Prix .... **2 fr.**

Soude.

La Soude Electrolytique. — Théorie. — Laboratoire. — Industrie. — Problème de la soude électrolytique. — Tension de décomposition. — Le phénomène de Hittorf. — Théorie des électrolyseurs à diaphragmes. — L'anode. — Le diaphragme. — Méthode avec diaphragmes. — Méthode avec circulation. — Méthode avec cathode de mercure. — Méthode par fusion ignée. — Technique de l'électrolyse. — Elaboration du chlore. — Elaboration des alcalis. — Utilisation de l'hydrogène. — Prix de revient. — Etat actuel de l'industrie des alcalis électrolytiques, par André Brochet, docteur ès-sciences. — 1 volume in-8° de 274 pages et 60 figures dans le texte. — Prix, broché .... **10 fr.**

Sténographie.

Sténographie. Art d'écrire aussi vite que la parole, par V. Gaillard.
— In 8°. — Prix .... **O fr. 50**

Sucre.

Fabrication du Sucre (Traité complet théorique et pratique de la).
— Guide du fabricant, par le Dr Charles Stammer ; 1 volume gr. in-8°
718 pages avec 165 figures, nombreux tableaux dans le texte et 3 planches
Cartonné toile anglaise. (1875). — Prix .... **20 fr.**

Manuel pratique de Diffusion. Historique. — Théorie. —
Diffusion. — Contrôle. — Rendements. — Devis. — Installation, par
Elie Fleury et Ernest Lemaire. — In-8° (1880). — Prix réduit ... **3 fr.**

Tabac.

Tabac. Description historique, botanique et chimique. — Climat. —
Culture. — Frais. — Produits. — Mode de dessiccation. — Séchoirs. —
Conservation. — Commerce ; par V.-P.-G. Demoor. — In-18, 130 pages,
20 figures. — Prix .... **2 fr.**

Teinture. — Blanchiment.

Manuel pratique du Teinturier. Matières colorantes, par
J. Hummel, directeur du Collège de Teinture de Leeds. Edition française,
par M. F. Doumer, professeur à l'Ecole de physique et de chimie industrielles. — 1 fort vol. in-16, 80 figures dans le texte. — Prix... **7 fr. 50**

**Traité de la teinture des Tissus et de l'impression du
Calicot**, comprenant les derniers perfectionnements apportés dans
la préparation et l'emploi des couleurs d'aniline. Ouvrage illustré de
gravures sur bois et de nombreux échantillons d'étoffes, par le Dr Calvert,
1 vol. in-8°, 500 pages, cartonné toile. — Prix réduit .... **5 fr.**

Télégraphie.

Traité de Télégraphie électrique. Cours théorique et pratique à l'usage des fonctionnaires de l'Administration des Lignes télé-
graphiques, des ingénieurs, constructeurs, inventeurs, employés des
Chemins de fer, etc., etc., par E.-E. Blavier, inspecteur des Lignes télé-
graphiques. — 2 beaux volumes in-8° de 952 pages, avec 413 figures dans
le texte (1867). (Publié à 20 fr.) — Prix réduit .... **10 fr.**

Téléphonie (Voir Électricité).

Manuel pratique du Téléphone. 1re partie. — Installations
privées. — Téléphone. — Microphone et Radiophone, par Théodore
Schwartze. — 4° édition française, par S. Fournier et D. Tommasi. —
1 vol. in-16, avec 153 figures dans le texte. — Prix................ **4 fr.**

2ᵉ partie. — Traité de téléphonie. — Installations industrielles à grandes distance, par le Dʳ V. Wietlisbach. — 1 vol. in-16, avec 123 figures dans le texte. — Prix... **4 fr.**

Téléphonie pratique. Historique du téléphone. — Matériel et appareillage pour les lignes téléphoniques. — Les téléphones domestiques. — La téléphonie à grande distance. — Installation des réseaux téléphoniques. — Les bureaux téléphoniques centraux. — Défauts et réparations, etc., par H. Zéda. In-16, 81 figures................... **2 fr.**

Album de Plans de pose d'Installations téléphoniques, par H. de Graffigny, 32 plans hors texte, avec explications, in-8°, cartonné. — Prix.. **3 fr. 50**

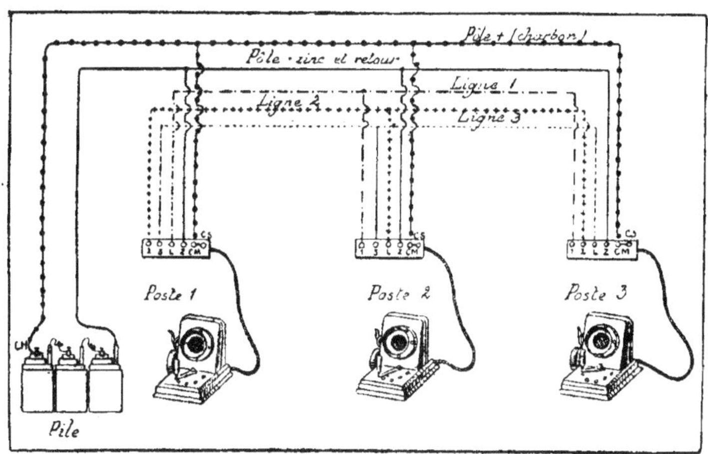

Tissage. — Laine. — Industries textiles.

Manuel de Filature, par J. Dantzer, professeur de Filature et de Tissage à l'Institut Industriel de Lille et à l'Ecole des Arts Industriels Roubaix.

1ʳᵉ Partie. — Mécanique et principes généraux de la filature des textiles. — In-16, 90 figures. — Cartonné. — Prix........................ **2 fr.**

2ᵉ Partie. — Culture, rouissage, teillage et filature du lin. — In-16, figures 91 à 141. — Cartonné, 1908. — Prix....................... **2 fr.**

3ᵉ Partie. — Filature du lin. — In-16, figures 142 à 180. — Cartonné, 1909. — Prix .... **2 fr.**

Self-Acting. Métier à filer automate de Parr-Curtis, par Parr-Curtis, traduit et annoté par Paul Dupont, professeur à l'Ecole de Tissage de Mulhouse, 1 volume grand in-8° avec 4 planches coloriées, 1880. — Prix... **3 fr. 50**

Travail des Laines Cardées. Cardage et filage, par A. Lorisch, édition française, par H. Danzer, ingénieur; in-8°, 86 pages et 52 figures. — Prix.. **3 fr.**

Tourbe.

La Tourbe. Son extraction et son emploi comme combustible industriel, guide pratique de la fabrication des briquettes de tourbe et pour leur utilisation générale en métallurgie, en verrerie, en cristallerie et pour le chauffage au gaz, par M. Lencauchez. — 1 vol. grand in-8°, avec atlas in-4° de 17 planches doubles. — Prix.................... **7 fr. 50**

Tramways (Voir Chemins de Fer).

Manuel pratique de Traction des Tramways électriques, par Georges Daussy, chef de l'exploitation des tramways de Toulon, in-8°, 1909, cartonné, planches et figures. — Prix......... **5 fr.**

Tramways et Chemins de fer électriques. Généralités sur la traction électrique. — Traction par prise de courant électrique. — Système moteur. — Traction par accumulateur. — Traction par système générato-moteur. — Chemins de fer à traction électrique. — Traction par unités multiples. — Métropolitain de Paris. — Traction par courants alternatifs. — Traction électrique sur routes. — Chemin de fer électrique suspendu, par R. Marie. In-16, figures. — Prix.... **2 fr.**

Transport de la force.

Le Transport de la Force par l'Électricité, par Ed. Japing, ingénieur-électricien. — Troisième édition française. — Annotée et augmentée de la description des plus récentes applications du Transport de la force, par M. Marcel Deprez, membre de l'Institut. — 1 volume in-16, avec 49 figures dans le texte. — Prix............................. **5 fr.**

Extrait de la Table. — Introduction du transport de la force en général et en particulier du transport de la force par l'électricité. — Forces naturelles propres à être transmises par l'électricité. — Machines électriques pour la production du courant électro-moteur. — Théorie de la transformation du courant en travail. — Considérations théoriques concernant le rapport de la force à de grandes distances. — Emploi des machines électriques. — Les conducteurs électriques. — La propagation et la distribution du courant électrique. — Distribution du courant électrique. — Transformateurs et accumulateurs. — Procédé pour diminuer les pertes d'énergie. — Applications industrielles. — Rendement économique du transport de la force par l'électricité. — Appendice. — Nouvelles expériences du transport de la force.

Urine.

Manuel pratique de l'Analyse de l'Urine. Instructions pour l'examen chimique de l'urine ainsi que pour la préparation artificielle de l'urine pathologique nécessaire pour les besoins des exercices pratiques et de l'enseignement; avec un appendice : Analyse des sucs gastriques, par le professeur Dr LASSAR KOHN, traduit de l'allemand, d'après la 3e édition, par Eug. ACKERMANN. — Prix .... **1 fr. 50**

Vannerie.

Manuel pratique de Vannerie. L'art du vannier à la portée de tous. — Outils et matières premières. — Paniers ordinaires. — Paniers carrés. — Paniers ronds.— Paniers ovales. — Paniers plats. — Paniers à provisions. — Vannerie de campagne. — Paniers en fibre de bois. — Paniers et objets de fantaisie. — Enveloppes pour carafes et bouteilles. — Vannerie de poche. — Réparation des paniers. — Fauteuils en vannerie. par P. HASLUCK et L. GRUNY. — 1 volume in-8° de 132 pages et 189 fig. — Prix. **3 fr.**

Vernis (Voir COULEURS).

Manuel pratique du Fabricant de Vernis. Gommes. — Huiles. — Térébenthines. — Huiles siccatives. — Vernis gras. — Vernis à l'essence. — Vernis à l'alcool, par E. COFFIGNIER, 1 fort volume in-16, avec figures. — Prix.. **5 fr.**

EXTRAIT DE LA TABLE DES MATIÈRES. — Matières premières. — Analyses des gommes. — Résines et linoléates. — Les dissolvants. — Huiles végétales. — Les Térébenthines. — La gomme. — Les résineux. — Fabrication des huiles siccatives. — Diverses cuissons. — Fabrication des vernis gras. — Analyse et essai des vernis. — Différents vernis à l'essence. Leur mode de fabrication. — Fabrication des vernis à l'alcool. — Les principaux vernis à l'alcool. — Vernis mixtes. — Vernis au caoutchouc. — Vernis à l'eau.

Verrerie.

Douze leçons sur l'art de la Verrerie, par E. PÉLIGOT, suivies d'une note sur la peinture sur verre, par M. SALVETAT, in-8° avec figures. — Prix.. **5 fr.**

Vinaigre.

Manuel pratique du Vinaigrier. Méthodes nouvelles de fabrication du vinaigre, par Ch. Franche, ingénieur-chimiste. — Un beau volume in-16, nombreuses figures dans le texte. — Prix........ **4 fr. 50**

Extrait de la Table des Matières. — Acide acétique. — Propriétés générales. — Origine chimique de l'acide acétique. — Fermentation acétique. — Choix des liquides pour la **fabrication du vinaigre**. — **Différentes** méthodes : Méthode d'Orléans, Méthode Pasteur, Méthode anglaise, Nouvelles méthodes, etc. — Propriétés, traitements, conservation, **emmagasinage**. — Essai et analyse du vinaigre. — Falsifications.

Vins.

Manuel général des Vins (Nouvelle édition revue et corrigée), par Edouard Robinet (d'Epernay).
Trois beaux volumes in-16, de 1.366 pages et 136 figures. — Prix. **15 fr.**

On vend séparément :

Tome Ier. — Vins rouges. — Vins blancs. — Vins artificiels........ **5 fr.**
Tome II. — Vins mousseux. — Champagnes............. .... **5 fr.**
Tome III. — Analyse des Vins. — Fermentation. — Falsifications... **5 fr.**

Note sur la fabrication des Vins mousseux dans les pays chauds, par E. Robinet, 1 vol. in-16, 32 pages. — Prix **1 fr. 50**

Manuel de Pasteurisation des Vins et Traitement de leurs maladies, par Frantz Malvezin, préface de G. Jacquemin, in-8°, 277 pages, 98 figures et 11 planches en couleur. — Prix. **7 fr. 50**

Sucrage des Vendanges, avec les sucres purs de cannes ou de betteraves, par M. Dubrumfaut, 3e édition. — Prix réduit.... **1 fr. 50**

Vieillissement des Vins et Spiritueux, par Frantz Malvezin. — Prix... **6 fr. 50**

Traité de la Vigne et des Vins. Traité complet, théorique et pratique de la vigne, de la vinification, de l'analyse et des falsifications, par Em. Viard, chimiste. — In-8° (1892). — Prix........ **15 fr.**

Paris. — Imprimerie Vve Denis, 31, Villa d'Alésia.